印刷工业出版分社

喷墨印刷油墨及应用

张 婉 著

PENMO YINSHUA
YOUMO JI YINGYONG

U0337530

文化发展出版社
Cultural Development Press

·北京·

图书在版编目（CIP）数据

喷墨印刷油墨及应用 / 张婉著 . — 北京 ：文化发展出版社，2024.8

ISBN 978-7-5142-4141-9

Ⅰ．①喷… Ⅱ．①张… Ⅲ．①油墨－特种印刷 Ⅳ．① TS853

中国国家版本馆 CIP 数据核字 (2023) 第 202241 号

喷墨印刷油墨及应用

张 婉 著

出 版 人：宋 娜

责任编辑：李 毅 韦思卓 责任校对：岳智勇

责任印制：邓辉明 封面设计：韦思卓

出版发行：文化发展出版社（北京市翠微路 2 号 邮编：100036）

发行电话：010-88275993 010-88275710

网 址：www.wenhuafazhan.com

经 销：全国新华书店

印 刷：北京九天鸿程印刷有限责任公司

开 本：710mm×1000mm 1/16

字 数：200 千字

印 张：12.75

彩 插：16p

版 次：2024 年 8 月第 1 版

印 次：2024 年 8 月第 1 次印刷

定 价：68.00 元

I S B N：978-7-5142-4141-9

◆ 如有印装质量问题，请与我社印制部联系 电话：010-88275720

前言

　　《喷墨印刷油墨及应用》主要阐述了喷墨印刷相关油墨的组分特点、性能要求及制备工艺，并深入介绍了颜料型喷墨油墨（UV喷墨油墨）和功能性喷墨油墨（荧光喷墨油墨）的特点和应用。近几年来，喷墨数字印刷方式得到了快速发展，国内企业喷墨印刷设备也相继市场化，但是印刷速度和质量还满足不了大规模工业生产的需要。因此，喷墨印刷的高速和高印刷质量是未来几年国内外喷墨印刷企业追求的目标。本书详细阐述了各种喷墨印刷用油墨特点，也介绍了喷墨印刷质量控制的影响因素，为各大喷墨印刷企业和印刷生产企业提供了参考标准。尤其是在功能性材料与喷墨印刷相结合的产业化上，本书深入撰写的荧光喷墨油墨的特点和应用，有一定的参考价值。另外，目前市面上有关喷墨印刷油墨的图书较少，缺少详细描述喷墨印刷相关油墨的资料，本书的出版希望能为油墨制备企业和科研机构提供一定的参考。

　　《喷墨印刷油墨及应用》全书内容共分为7章。第一章绪论，主要介绍了数字印刷、喷墨印刷以及喷墨印刷油墨的现状及发展。第二章喷墨印刷油墨的组成和性能要求，主要介绍了喷墨印刷油墨的各组分特点以及喷墨印刷油墨自体性能和印刷适应性能的要求。第三章喷墨印刷油墨的制备工艺，主要介绍了可溶性呈色剂和不可溶性颜料的油墨制备工艺，并详细介绍了颜料的分散工艺。第四章颜料型喷墨印刷油墨，主要介绍了水性喷墨油墨和 UV 喷墨油墨的特点。第五章荧光防伪喷墨印刷油墨，主要介绍了荧光材料的合成及其在喷墨印刷油墨中的应用。第六章加色法印刷成像技术，主要介绍第五章所制备的荧光防伪喷墨印刷油墨的彩色成像应用。第七章喷墨印刷品质量控制，主要介绍喷墨印刷质量控制的指标特征以及影响因素探讨。

由于编者水平有限，书中难免存在疏漏，不足之处恳请读者批评指正。

张婉

2024 年 5 月于北京印刷学院

目 录 Contents

第一章 绪论

1.1　数字印刷技术的发展

计算机科学技术的快速发展给各行各业都带来了翻天覆地的变化，印刷行业也不例外，从 20 世纪 90 年代开始，铅活字印刷逐渐退出历史舞台，计算机技术开始进入印刷行业，出现在印前、印刷及印后工艺过程中，以及印刷企业的管理中，衍生出许许多多的新设备、新工艺和新技术。

数字印刷技术是计算机技术和印刷技术相结合的产物之一，与传统印刷有所不同，它是指不使用印版，而是借助于成像装置直接或间接将呈色材料转印到承印物上，且可满足工业化生产需要的技术。数字印刷的优势有以下方面：第一，与传统印刷相比，数字印刷不使用胶片和印版，简化了印刷工艺过程；第二，数字印刷具有印刷信息的灵活性、印刷品的多样化和个性化等优势，可以实现"按需印刷"，即按照用户的时间要求、地点要求、数量要求、成本要求与某些特定要求等来向用户提供相关服务的一种印刷服务方式；第三，印刷数量的灵活性，小印量的印刷成本明显低于传统印刷；第四，可改变传统的"印刷—发行"为"先发行后印刷"，先进行数字文件的发行，后期按照需要的数量进行印刷，避免了大库存的现象；第五，不需要色彩管理就可进行在机直接打样，完全与正式印刷品匹配；第六，整个印刷过程中的可变因素减少，保证印刷的稳定性。

数字印刷的市场前景和发展前途是十分广阔的，随着生活水平的日益提高，越来越多的人参与更加丰富的社会活动，一些小印量印刷品的需求大大增加，比如产品目录、直邮广告、饭店菜单、通行证、胸卡、请柬等。人们不仅希望能随时随地按需要的数量来印刷，而且希望印刷周期越短越好，同时价格便宜。数字印刷的应用正好迎合了这种需求，为传统印刷企业打开了新的市场机会。目前，在全国大中型印刷企业里，几乎都存在传统印刷和数字印刷两个车间，按照客户需要来选择不同的印刷方式。

数字印刷设备也经历了快速发展，成像原理多样化，设备速度和精度快速提高以满足工业化生产的需要，操作方法系统化和智能化有利于印刷成本的大幅降低。数字印刷设备原理主要包括静电成像法、喷墨成像法、磁成像法、热成像法、纳米成像法等，最常见的是静电成像法和喷墨成像法。

1.2 喷墨印刷的现状及发展

1.2.1 喷墨印刷原理

按照喷墨成像的工作原理，可以将喷墨印刷分为两大类：一是连续式喷墨，二是非连续式喷墨。早期的喷墨打印机和当前大幅面喷墨打印机大多数采用连续式喷墨技术，而目前广泛使用的桌面式打印机则采用非连续式喷墨技术。

1. 连续式喷墨

连续式喷墨技术的原理是利用高压对墨腔中的墨水施加压力并固定，墨流分离成具有一定规律的细小墨滴，使其达到连续喷射状态。连续式又分为连续式偏转墨滴喷墨和连续式不偏转墨滴喷墨：连续式偏转墨滴喷墨是指先给图文部分墨滴带上不同量电荷，在经过偏转板时可偏转至承印物上的不同位置；连续式不偏转墨滴喷墨是指先给空白部分墨滴带上同量电荷，经过偏转板后发生偏转进入油墨循环系统中，图文部分的墨滴不带电荷直接喷射至承印物，整个过程需要移动承印物的位置。在整个喷墨系统中连续循环，墨滴的形成速度快，能够适用于高速喷墨印刷。连续式喷墨打印机的缺点是：结构相对复杂，墨水要有加压装置，终端需要回收装置，效率不高，不精确。现在人们很少采用这种喷墨技术的打印机。

2. 非连续式喷墨

非连续式喷墨，又称"按需喷墨"，墨水只有在需要打印时才会从墨嘴中喷出来，与连续式喷墨相比，非连续式喷墨设备结构简单、紧凑、成本低且可靠性较高。非连续式分为压电式和热气泡式：压电式是在墨水腔的一侧装有压电板，接受电子信号后，在图文部分会产生变形，墨水腔受到挤压后从喷嘴被挤出，形成墨滴飞至承印物上，压电板变形恢复，而墨水腔依靠毛细管作用，再将墨水从墨水盒中吸入并填满喷嘴；热气泡式是在墨水腔的一侧装有加热板，接受电子信号后，在图文部分需要墨水时，可进行加热，使在加热板附近的气体体积膨胀，也会有少量的墨水会变成蒸气，形成气泡，将墨水挤压推出喷嘴，使其飞至承印材料表面上，形成图文，墨滴喷出后，气泡破裂，加热板温度随即降低，墨水腔内的温度也随之迅速降低，而墨水腔依靠毛细管作用，再将墨水从墨水盒中吸入并填满喷嘴。

压电式喷墨与热气泡式喷墨两种技术相似，但墨滴的形成方法不同。比较这两种喷墨技术，热气泡式打印头难以准确控制墨滴方向和墨滴大小，因为在高温下墨水易发生化学变化，导致性质不稳定，而且热气泡式喷墨打印机需在各个墨盒中安装喷嘴，故而成本较高。压电式喷墨对墨滴的控制较强，打印出的图像清晰度高，能够实现2880dpi高精度的打印质量，它是利用晶体加压放电的特性，在常温下稳定地将墨水喷出，墨水的化学性质不会因受热而发生变化。

1.2.2 喷墨印刷的特点

作为数字印刷领域的一种应用最丰富和广泛的技术手段，喷墨印刷可实现传统印刷成本过高的部分印刷市场，且随着新技术、新材料的发展也逐步向多个领域拓展，市场前景非常广阔。喷墨印刷是一种无接触、无压力、无印版的印刷方式，主要是通过喷嘴将墨滴喷射到承印物上而形成图文。与其他成像原理的数字印刷方式相比，喷墨印刷的主要特点如下。

（1）喷墨印刷是一种非接触印刷方式。在喷墨印刷过程中，喷嘴与承印物之间有一定距离，喷嘴给予墨滴一定的动力后，墨滴飞至承印物的表面，喷墨设备与承印物之间不会像其他印刷方式通过产生共同作用来影响最终的印刷品质量。

（2）喷墨印刷适用于各种材料的承印物，且对表面形状有要求。因为喷墨印刷设备无须印版，且为非接触式印刷方式，所以可以在各种材料表面上进行喷墨印刷，比如墙壁、地板、皮毛、丝绸、陶瓷、玻璃等，即使像圆柱体等不规则表面形状也可以完成。但是为了提高印刷质量，还需针对各种材料表面调整油墨性能。

（3）喷墨印刷分辨率逐步提高。喷墨印刷系统的喷嘴喷射出微细的墨滴，可达pL级别。为了实现高分辨率的图文，通常使用多个喷嘴以提升文字、线条、图像的表达效果。

（4）喷墨印刷可实现多色印刷。对于大幅面喷墨印刷系统，会在四色印刷的基础上加上两色或三色，形成六色或七色的印刷，从而提高印刷品色彩还原的精度。

（5）喷墨印刷生产成本低，可以进行大幅面印刷生产。与其他数字印刷技术相比，其运行成本较低。

（6）喷墨印刷与多种先进技术相结合，拓展了喷墨印刷的领域。目前，喷墨印刷已经与显示技术、生物技术、导电技术等先进技术相结合，解决了其在生产过程中的环保、大幅面生产、高效等问题。

1.2.3　喷墨印刷的发展历程

中国的喷墨印刷行业与国外的起步时间相差不远，但是发展速度还是相对落后，尤其是在喷墨印刷设备中喷头的研发上还比较落后，这使得国内各大厂商不得不高价购买国外喷头配件，但在喷墨印刷材料上，尤其是喷墨印刷油墨上，已经看到很多市场化的墨水。目前随着喷墨印刷设备和材料的发展，国内喷墨印刷的应用已经从起初的单色条码发展到高精度彩色喷印以及功能性材料的喷印，并且越来越多的新技术开始使用喷墨印刷方式进行生产。喷墨印刷的主要应用如下。

（1）大幅面广告上的应用。大型广告印刷品过去一直是网版印刷的天下，而目前大幅面数字喷绘设备的市场占有率大幅增加。喷墨印刷方式以较大的印刷幅面、可连续印刷、效率高等性能，在平面广告、灯箱、牌匾等方面有广泛应用。

（2）数码打样上的应用。喷墨印刷的分辨率一直在提高，加之色彩管理技术的提高，目前已经接近胶印印刷的质量，因此，数码打样已成为各种印刷方式打样的首选。

（3）在"短版书"上的广泛应用。书刊印刷一直是胶版印刷的重要印刷品之一，但随着个性化印刷品的出现，越来越多的"短版书"也出现，与胶版印刷相比，数字印刷在印量少的"短版书"印刷上的成本更低、效率更高。

（4）在包装印刷领域的应用。喷墨印刷可以在药包、烟包等产品上进行条形码或防伪数字的打印，但是这种简单的防伪手段不能满足其高防伪要求，因此探索高质量的防伪喷墨印刷是很多包装印刷企业的目标。

（5）与先进技术的结合，扩大了其应用领域。喷墨印刷技术已经与显示技术、生物技术、导电技术等先进技术相结合，突破了这些技术的局限，改进了制作工艺，应用领域得到了拓展。

国内的喷墨技术与国外还有一定差距，要实现想长远发展，需要更多的自主产权喷墨相关设备和技术，加快喷墨技术企业的创新速度。喷墨技术为按需印刷、个性化印刷、短版印刷带来新的发展机遇，增值服务发展空间很大。传统印刷与喷墨技术交相辉映、相互融合，将影响整个印刷产业的发展。

1.3　喷墨印刷油墨的现状及发展

喷墨印刷油墨是一种在受喷墨印刷机喷头推动后，飞行至承印物上或者受到喷墨印刷机喷头与承印物间的电场作用后，能按要求喷射到承印物上产生图像文字的液体油墨。它是一种专用墨水，其各项性能能够适应墨路和喷头的要求，尤其不能堵塞喷嘴，还有一定的保湿性，对喷头有很好的润湿性，当它飞行至承印物表面时，与承印物有很好的附着作用，不易褪色和脱落。油墨的表面张力、黏度、干燥性和色密度是喷墨印刷的关键指标，表面张力和黏度影响油墨的飞行轨迹；油墨要能在吸收性和非吸收性的材料上干燥，而不在喷头上干燥；色密度决定着最终印刷品的质量。

喷墨印刷油墨按呈色剂的不同可分为染料型和颜料型油墨。

染料型油墨是以水性墨为主，因为染料溶解在载体中，每个染料分子都被载体分子所包围，在显微镜下观察不到颗粒物质，所以它是一种完全溶解的均匀性溶液。染料型水性油墨的优点是不易堵塞喷头，喷绘后易于被承印材料所吸收，而且染料能表达的色域一般要比颜料所表达的大，体现的色彩范围也大，使得印品更加鲜艳亮泽，并且其造价成本也较低；缺点是防水性能比较差，不耐摩擦，光学密度低，并且由于化学稳定性相对较差，耐光性也较差，容易洇染。染料型油墨色彩鲜艳、层次分明且价格也较颜料型油墨低，在大幅面彩喷、图片打印等方面应用较多。目前，大多数喷墨成像都采用染料型水性油墨。

颜料型油墨是把固体颜料研磨成十分细小的颗粒，分散在特殊的溶剂中，是一种悬浮溶液，也可称为半溶液。这种油墨的出现解决了染料型油墨的缺点，它耐水性强，耐光性强，不易褪色，干燥快，由于颜料油墨对介质的渗透力弱，不会像染料油墨那样发生扩散，所以也不容易洇染。目前，考虑实际需求和经济效益，大部分喷墨印刷仍然采用染料型油墨，但是颜料型油墨以其诸多优点已成为喷墨油墨发展的必然趋势，也是众多油墨企业和科研机构研发的重点。

颜料型油墨可分为水性喷墨油墨、UV 喷墨油墨和溶剂型喷墨油墨。水性墨不含有挥发性有机溶剂，对大气环境无污染，且不易燃。但是由于水的特性，水性油墨在承印材料上干燥时间相对较长，可是它在喷头的喷嘴中又有迅速干燥的趋势，所以需要对喷头经常维护。另外，水性油墨对承印材料要求较高，适用于多孔渗透性承印材料，为了获得最佳印刷效果和在户外的持久性，要求采用昂贵的特殊承印材料，或需要进行覆膜处理。虽然水性墨成本较高，但因为其应用设备成本较低，所以在家庭与办公室用打印机中仍占主导地位。另外，它在数字纺织印刷、户内图像、直邮、装饰和产品鉴定上都有非常成功的应用。

UV 喷墨油墨以其节能、环保、高效等众多优势成为目前受到最多关注的新型油墨，并拥有巨大的发展前景。它是一种反应型油墨，在紫外光辐照下，数秒甚至一秒之内就可以干燥固化，对绝大多数承印材料的附着力良好，且对环境的耐受性较好。相对于溶剂型油墨来说，UV 油墨不存在溶剂挥发的问题，所有树脂、单体都会进入交联固化网络中，又由于它是即刻固化，印后性能可以立即表现出来，易于掌控，但是在固化过程中，会产生臭氧，因此依然有环保方面的问题。另外，为了满足喷墨印刷的需要，它对黏度、颜料分散性、表面张力等性能要求比较高。UV 喷墨油墨在喷墨市场上发展迅速、应用广泛，其中目前应用最多的领域就是大幅面印刷，目前已有国产品牌的 UV 喷墨油墨产品上市，但还是以黑色油墨为主。由 UV 喷墨油墨衍生出来的 UV-LED 油墨和 EB 喷墨油墨已经引起越来越多厂商和科研单位的关注，UV-LED 油墨在光源上相比 UV 光源热量低、寿命长、成本低，EB 喷墨油墨相比 UV 喷墨油墨的反应速度更快，油墨墨层干燥更彻底，印品质量更优异，这两种油墨未来会逐步取代 UV 喷墨油墨。

溶剂型油墨是指以有机溶剂或溶剂型高分子成膜剂作为载体，将颜料分散在载体中形成的油墨体系。与水性墨相比，溶剂型油墨具有色彩鲜明、色彩还原性好、在承印材料上横向扩散少、干燥速度快等特点，因此，承印材料不需要进行特殊处理，可以在诸如纸张、塑料薄膜、不干胶贴膜和网织物等无涂层的材料上进行直接印刷。如果采用高质量颜料，溶剂型油墨在户外应用时有很好的抗紫外线性能，而无须贴膜，同时这种油墨具有的挥发性特点还可以使干燥后的墨膜较轻薄。但是在使用时需要注意喷头的日常维护和溶剂挥发等问题，必须在通风条件比较好的环境中使用。由于印刷质量图像持久度高且原料成本较低，溶剂性油墨在大幅面和宽幅面的应用上有着巨大的增长，但是由于它的溶剂挥发可造成环境污染，这是限制其在国内外油墨市场应用的最大壁垒，尤其是苯类等强溶剂油墨，目前几乎已经不再使用，溶剂型油墨正在经历从强溶剂油墨到弱溶剂油墨再到醇水类油墨，最终发展到水性油墨的过渡。因此，只有加强对非有害物质或环保溶剂的使用才能使溶剂型油墨的应用获得更大的发展。

另外，水性 UV 喷墨油墨也处于开发之中，它的黏度比 UV 油墨低，可提供较轻的墨膜。但是它对承印物的要求较高，在印刷期间，水应被承印物吸收，如果承印物不为水所渗透，那么水应在 UV 固化期间得到干燥，而对于不渗水的承印物而言，控制它的润湿性比较困难，所以，它能够黏附于特殊的表面，适合在多孔渗透性和半多孔渗透性底基上应用。

截至目前，喷墨油墨的销售占统治地位的还是沿用已久的溶剂型油墨，但是以弱溶剂或醇水型溶剂油墨为主。UV 喷墨油墨的市场份额也在逐年增加，并且呈上升趋势，从环保的角度来考虑，UV 喷墨油墨的快速发展是必然的趋势。随着喷墨印刷的发展，不断改进的印刷设备使得喷墨印刷油墨的市场也在快速改变，油墨制造厂商和科研单位正在更加努力地开发更先进更安全的产品，同时又在不断改进产品品质、提高性能，以满足人们的各种需求。

第二章　喷墨印刷油墨的组成和性能要求

2.1 喷墨印刷油墨的组成

喷墨油墨是将颜料（染料）分散（溶解）于连接料中，形成能够适用于喷墨印刷设备的油墨体系。

2.1.1 呈色剂

普通油墨所使用的呈色剂包括颜料和染料两种。一般颜料粒子呈颗粒状态分散在油墨体系中，直径从几百纳米到几十微米，并可以借助胶体附着在物体表面，而染料一般溶解在油墨体系中，以分子状态呈现，可使物体的内部着色[1,2]。油墨的着色力、色相、饱和度以及耐性大多由呈色剂所决定，而油墨的颗粒度、遮盖力以及密度也与呈色剂有很大关系。另外，随着越来越多的新材料与印刷技术相结合，出现了应用于新领域的功能性油墨，其功能性取决于功能性材料。

1. 颜料

颜料是目前市场化油墨中应用最多的呈色剂，它是一种粒径较小的粉末状有色物质，不能溶解于水或溶剂等介质中，但能够通过外界施力后均匀分散在液体连接料中，在连接料的表面形成色层，呈现一定的色彩。

颜料粒子本身的直径在几十纳米左右，但进入液体连接料体系中，会快速发生团聚，以至于在油墨体系中的粒径会变成高达几十微米的状态，因此需要一定的工艺手段使其保持稳定的小粒径状态，否则会影响油墨的流动性和化学稳定性；颜料在油墨中的作用是呈色，其直接决定了承印物上图文部分的颜色再现效果，它通过连接料附着在承印物的表面，其结构特征也会影响附着的时间，进而影响印刷品的颜色耐候性；在透明承印物上，颜料还承载着遮盖作用，一般用白色颜料进行打底后再进行四色油墨印刷，因此，白色颜料的遮盖力是需要考察的重要性能之一；颜料自身的吸光能力影响颜色的呈现，也关系彩色图像的颜色再现效果，可对颜料本身进行紫外吸收测试，选择对其补色色光吸收较强的颜料，比如对于品红色颜料，就可选择对绿色光光谱（波长约 500 ～ 530nm）吸收较强的颜料。

综上所述，喷墨印刷油墨对使用的颜料要求较高。首先，颜料需迅速而均匀地和连接料相结合，即在连接料体系中具有优异的分散性能，颜料分散后的粒径小于 1μm，且分散均匀，不能堵塞喷头；其次是在颜色、分散度、耐光性、透明度等方面，要求彩色颜料的色调接近光谱颜色，饱和度应尽可能大，三原色油墨所用的品红、青、黄色颜料透明度一定要高；最后，颜料的吸油能力不应太大，还要具有耐碱、耐酸、耐醇等性能。

2. 染料

染料是一种溶解在连接料中的分子，每个染料分子都被载体分子所包围，在显微镜下观察不到颗粒物质，但却能够呈现出鲜艳的彩色。它非常容易溶解于油墨体系，仅依靠物理搅拌即可实现其在液体体系中的均匀性。

由于其特殊的溶解性，油墨制备工艺过程相比颜料型油墨大大简化，染料所呈现的颜色色域范围大于颜料，所获得的印刷品色彩鲜艳、饱和度较高。染料的最大缺点在于它的耐性较差，当它被印刷至承印物表面时，由于没有功能性基团帮助它牢固地附着于材料表面，会造成染料分子容易从材料表面脱落，从而造成印刷品的耐性较差，因此，需要对染料分子进行改性；染料的防水性能较差，其印刷品容易洇染。染料分子在油墨体系中需要注意后期的析出，因此，选择合适的连接料至为重要。

对于喷墨印刷油墨，染料的溶解性可以解决堵塞喷头的问题，但为了改善染料的呈色，可以从以下两个方面去做：一是需要对染料分子进行改性，比如添加活性基团、包裹聚合物等，可有效改善其耐性；二是对树脂进行改性，使其能够很好地对染料分子进行润湿，做好染料分子和承印物表面的中间介质。

3. 功能性材料

目前与印刷技术相结合的功能性材料有很多，比如可实现荧光防伪功能的荧光材料、具有导电性能的金属材料、可用于显示的电致发光材料、用于 3D 打印的功能性材料，等等。与彩色印刷油墨不同，这些材料所制备的油墨既可以是无色的，也可以是呈现出某种独特颜色，但是都呈现出新的功能，因此，又称为功能制造材料。

功能性油墨的出现大大拓展了印刷的应用领域，不再局限于书刊报纸、包装、装饰、证券、地图等产品上，可在高防伪、电子产品、显示技术和 3D 打印等方面有所应用。印刷作为一种可实现大量复制的手段，可弥补这些新材料原始制备方法的工艺复杂、产量低、幅面小等缺点，随着新功能性材料的出现，印刷的应用领域会越来越大。

国内外的报道中已出现功能性材料在其他印刷方式上的应用，如胶版印刷、丝网印刷等，但在喷墨印刷油墨中的应用在市场上还属于起步阶段，需要满足喷墨印刷的各种适应性，但是喷墨印刷的优点使其未来前景非常可观。

2.1.2　连接料

连接料是影响油墨印刷性能的关键因素，其作用如下：一是作为呈色剂的载体，使油墨体系中的物质充分混合，二是使油墨能在承印物表面干燥、固着并成膜[3]。连接料还直接影响油墨的黏度、黏性、干燥性以及流动性。

1. 主成分

连接料中的主成分一般有三种：水、溶剂、UV 单体，约占整个油墨体系的70%，分别对应水性喷墨油墨、溶剂型喷墨油墨和 UV 喷墨油墨。

（1）水

水作为一种环保型成分，可以使整个油墨体系更加绿色环保。但是水性喷墨油墨的最大问题在于分散性和干燥性，颜料在水中的分散效果不如溶剂，通常需要选择含有亲水性基团的颜料和树脂，以改善颜料在水中的分散均匀性；水性油墨依靠自然挥发干燥，如何提高其挥发速度，尤其在塑料薄膜表面的干燥速度是很多科研工作者面临的问题。

颜料的含量、颜料粒径、连接料含量、树脂溶解度环境的温度湿度都会影响水的挥发。连接料和颜料分子会吸附水分子，故其含量越高，水的挥发速度越慢；颜料颗粒越小，表面积越大，水的挥发速度越慢；树脂的溶解度越大，水的挥发速度越低。因为水的蒸发潜热高且挥发速度慢，所以水性油墨的干燥速度是其关键技术之一。

（2）溶剂

溶剂是喷墨油墨的主体，对油墨整体性质影响很大。溶剂可以是单一一种，但通常是两种或两种以上的混合物。溶剂的作用一般是将功能材料运输到基底表面，再通过被动变干或主动干燥机制去除。溶剂的选择中最重要的因素是保证基底油墨干燥的需求以及抵制喷射延迟及喷头堵塞间的相互平衡，避免堵塞喷头最可靠的做法是使用干燥速度很慢的溶剂，因为这样会最大限度减少喷头中油墨的干燥，然而干燥慢的溶剂需要耗费更多的能量和时间使溶剂分离，因此如何控制两者的平衡很关键[4]；另一个因素是需要考虑溶剂对树脂的溶解能力以及释放能力，溶剂的溶解能力与溶剂和溶质的极性有关，根据"相似相溶原理"，如果溶剂和溶质都属于极性物质，那么溶解的效果往往比较好，反之，溶解效果较差[5]；最后，需要考虑溶剂对颜料的润湿性能或对染料的溶解性能，不会使颜料或染料结晶转移而引起色相变化。

溶剂通常选自涂料行业中常用的有机溶剂，比如醇类溶剂、酯类溶剂、酮类溶剂，以及芳烃类溶剂。使用溶剂型油墨的一个主要缺点是其不利于环保，必须严格控制挥发性有机物的浓度。为了满足绿色印刷的要求，在实验中应尽量使用乙醇作为溶剂，这就要求颜料、染料或功能性材料与乙醇有很高的匹配度。

（3）UV 单体

UV 单体也称为活性稀释剂，它的作用是稀释色浆的黏度，将最终的油墨调节至合适的黏度值。UV 单体含有可聚合官能团，会参与 UV 油墨的最终固化反应，因此除作为活性稀释剂，它还会影响油墨的最终固化性能，聚合程度以及所生成聚合物的光泽度、色度、密度等物理性质[6]。

UV 固化配方中常用的单体主要是自由基固化工艺所使用的丙烯酸酯、甲基丙烯酸酯和苯乙烯，以及阳离子聚合所使用的环氧化物和乙烯基醚等。目前广泛应用于辐射固化类油墨制备中的是光固化速度最快的丙烯酸酯类单体。一般根据含有丙烯酰基的数量不同，可分为单官能团、双官能团和多官能团三类，各类官能团活性稀释剂的稀释效果和固化速度都不同。通常，官能团数量越多，固化速度就越快，但单体黏度会增大，对油墨体系的稀释效果就会变差。常用的丙烯酸酯类单体及其性能如表 2-1 所示。

表 2-1 常用丙烯酸酯单体及其性能

活性稀释剂	缩写	官能团	黏度（mPa·s）
丙烯酸异冰片酯	IBOA	1	2～3
己二醇二丙烯酸酯	HDDA	2	5～7

续表

活性稀释剂	缩写	官能团	黏度（mPa·s）
新戊二醇二丙烯酸酯	NPGDA	2	5～6
二缩三乙二醇二丙烯酸酯	TEGDA	2	18
二缩三丙二醇二丙烯酸酯	TPGDA	2	13～15
三羟甲基丙烯三丙烯酸酯	TMPTA	3	70～110

单体的引入除稀释油墨体系的黏度外，其自身在最终的光固化反应中也会发生聚合，成为固化膜的一部分，单体自身的性能将会对固化膜的硬度、附着力、耐性等产生影响，最终会对印刷品的最终印刷质量有一定的影响。所以选择适合的单体对制备良好的 UV 喷墨油墨也很重要，一般单体的选择标准是：低黏度、固化性能好、在材料上有良好的附着性、对皮肤刺激性小、在涂层中不留气味等。

2. 树脂

树脂属于有机物，其分子量较大，结构也比较复杂。树脂可以溶解在有机溶剂中，随着溶剂的蒸发，树脂溶液会逐渐变得黏稠，最终能够形成薄膜。树脂的自身性能对油墨的性能有较大影响，若树脂自身黏度过低则需要增加树脂含量以提高油墨黏度，而太多的树脂可能导致油墨干燥时间的延长以及油墨中声波传播速度的改变（油墨的声波传播速度是衡量油墨能量调制性能的一个重要指标），若黏度过高，则会对液滴破裂有消极的影响，常导致液滴"拖尾"现象，影响打印质量和打印机性能；树脂的形态也对油墨的黏度和液滴断裂有一定的影响，一些聚合链有自折叠趋势，相对来说不容易与溶液中其他链纠缠，这将使墨滴更易断裂而不容易形成尾液，而其他树脂可能在溶液中互相缠绕形成奇形怪状的网状结构，易导致"藕断丝连型"断裂，造成出现分散墨滴[7,8]。目前，经常使用的树脂包括丙烯酸树脂、硝化纤维酯、氯乙烯共聚物、乙酸丁酸纤维素和聚丁酸乙烯酯等[9]。

3. 助剂

助剂是在制备油墨或者印刷过程中为改善油墨本身性能而加入的辅助材料，主要是为了适应多变的印刷条件并保证较好印刷质量。油墨助剂的种类很多，为了改善油墨性能需要加入不同的助剂，主要有分散剂、消泡剂、增塑剂、基材润湿剂、干燥剂、光引发剂、流平剂等。

2.2 喷墨印刷油墨的性能要求

油墨通过印刷设备转移至承印物上，为了在承印物上呈现出高质量的印刷效果，应从两个方面调节油墨的性能：一是油墨自体性能，主要包括流变性能、表面张力、墨滴喷射状态、粒径及分散性、pH 值、电导率等；二是油墨通过喷墨印刷设备转移至承印物上所表现的特征，即喷墨印刷适应性能，主要包括流平性、实地密度、附着力、干燥速度、耐性等。

2.2.1 油墨自体性能

1. 流变性能

流变学是研究物质流动与变形的一门科学，喷墨油墨能否从喷头中顺利喷出，以及在基材上的扩散过程都与油墨的流变性能相关。只有油墨具有合适的流变性，才能顺利地喷射至基材上，并在基材上扩散至干燥，随着喷墨印刷机速度的提高，几秒钟时间内油墨在印刷过程中就会受到很大的剪切、拉伸、挤压和破碎等作用，因此，研究喷墨油墨的流变性能是保证印刷质量的前提。

流变性能主要考察黏度和流变曲线，其中黏度是流体的重要特性之一，是流体抵抗流动的一种性质，即流体流动的内部阻力；流变曲线是以剪切应力为横轴，剪切速率（速度梯度）为纵轴，将不同的剪切应力作用在流体上并把其相应的剪切速率以数字的形式表达出来，进而研究流体的性质。

目前大多数喷墨油墨是牛顿流体，在一个广泛的剪切速率范围上有一个常数黏度[9]，其数值通常低于 20mPa·s，可通过选择合适的树脂和助剂来控制黏度，另外在存储过程中，油墨的黏度可能会变化，尤其是颜料型喷墨油墨，需要在制备过程中考察颜料颗粒的分散性及分散稳定性。影响油墨流变性能的因素很多，比如溶剂、表面活性剂、分散剂等。

2. 表面张力

油墨的表面张力决定了从喷头出来的墨滴形成状态，并且影响墨滴在基材上的接触蔓延[10]。喷墨是推动液体（由压电材料的驱动或气泡压力推动）通过微米级的喷嘴而产生墨滴，喷射的液体以一定动量从喷嘴喷出，动量由液滴的动能决定，与油墨的表面张力相关。墨滴与基材碰撞使得球形油墨转变为平面的点，其尺寸大小取决于基材与油墨的物理化学性质，如果想要获得尺寸大的点，油墨的表面张力应低于打印基材的表面能[11,12]，这意味着，对于低表面能的基材，如聚乙烯[13]，油墨的表面张力应小于28mN/m，由于扩散过程一般在100～200ms完成，动态表面张力在这里也起到重要作用，相反，想要得到小的点，油墨应该具有大表面张力。

通常，油墨的表面张力可通过合适的溶剂或添加表面活性剂来调整，是通过溶剂来调整表面张力，则该表面张力不会随着时间而改变；若是后者，则应该考虑动态表面张力。

3. 墨滴喷射状态

墨滴从喷嘴中喷出至承印物表面的中间过程为墨滴的喷射状态，直接影响着其在承印物表面的状态，进而影响印刷质量。墨滴从喷墨打印机喷嘴喷出后需要考察的物理性能是液滴的体积和从喷嘴中喷出时的速度。对于墨滴体积在动态状态下要达到均衡，需要测量从喷嘴中喷出液滴时的速度和利用液滴的速度与体积的相关性来控制施加到每个喷嘴上的电压与脉冲宽度。同时也利用高速照相机通过捕捉形成液滴的瞬间图像，计算液滴的体积并控制施加在每个喷嘴上的电压和脉冲宽度。一般来说，液滴观测组件用来测量从喷嘴中喷射出液滴的速度，然后以此测量捕捉到的图像中液滴的体积。对于速度均衡，根据喷墨打印机的制造商与研究数据，在一定的喷射条件下，液滴的体积与速度的变化是成比例的。因此，液滴的体积可以通过测量与控制液滴速度而达到均衡，这种方法又被称为速度均衡方法。液滴速度的测量和均衡过程与液滴体积测量和均衡的过程是相同的。

另外，墨滴的圆度和拖尾长度也是需要考察的重要性能指标，拖尾长度过长，墨滴断裂慢，不易形成独立墨滴，圆度也受其影响，这些都会对印刷质量产生很大影响。

4. 粒径及分散性

颜料型喷墨油墨中颜料颗粒在进入油墨体系后，会发生物理上的颗粒状态变化，这种变化也即颜料颗粒在油墨体系中的分散性：颗粒分散得是否细致均匀、分散体系是否稳定。分散性一直都是 UV 喷墨油墨研究的重点和难点之一，颜料颗粒自身粒径很小，但在进入油墨体系后会发生团聚，形成大粒径，可直接导致喷嘴的堵塞，必须采用一定的制备工艺将其团聚状态打开，并保持稳定的小粒径状态，因此要求喷墨油墨具有良好的分散性及分散稳定性。

影响油墨分散性的因素有很多。一是预聚物的选择，颜料颗粒表面基团与预聚物是否匹配，颜料颗粒与预聚物的比例是否合适，都是影响颜料颗粒在油墨体系中分散性能的关键因素。二是分散剂的选择，在分散过程中加入润湿分散剂更有利于颜料颗粒的分散，而且还可以防止颜料颗粒再聚集，但是不同结构的分散剂对颜料颗粒的分散影响不同，优选能够在颜料颗粒和预聚物之间起到"润湿桥梁"作用的分散剂。三是分散工艺，使用一定的作用力将团聚的颜料颗粒打开，并保持小粒径状态，不同的颜料颗粒和油墨体系，应选择合适的分散工艺。

喷墨油墨对分散性能的要求是，颜料颗粒在油墨分散体系中不发生聚集，放置时不产生沉降。因此，在配制油墨过程中，要选择与颜料匹配的预聚物和分散剂，也要确定合适的分散工艺参数。

5. pH 值

pH 值显著影响喷墨油墨各组分的溶解度和功能材料分散颗粒的稳定性，因为稳定分散的材料常常是通过吸附带电聚合物分子，而 pH 值可反映出电荷量，是非常重要的参数之一。

6. 电导率

电导率表示油墨中离子浓度的大小，它可以体现油墨中无机盐的浓度，比如钠、钾、镁等，油墨中的无机盐如果过多，容易在喷嘴处形成结晶而堵塞喷嘴，从而造成喷墨困难。在连续式喷墨系统中，为了满足喷墨设备电子控制的需要，喷墨油墨需要具有一定的电导率[14]，但是电导率不能太高，否则成品油墨的稳定性就会变差。

2.2.2 喷墨印刷适应性能

1. 流平性

油墨在承印物表面的流平性会影响印刷质量，一般通过一定面积的实地色块来表征流平性，实地色块颜色均匀表明流平性能好，颜色有深有浅且分布不均匀则表明流平性较差。一般通过添加流平剂来调整油墨在承印材料上的流平性。

2. 实地密度

实地密度是指油墨在承印物上施加 100% 油墨量所呈现出的密度值，主要影响印刷样张的清晰度，主要由油墨中颜料吸光性能来决定。因此，颜料的选择及其在油墨体系中的占比都会对最终的实地密度产生影响。

3. 附着力

附着力是指墨膜与承印物之间通过物理化学作用相互黏结的能力，附着力与油墨和承印物两者有关系，不能仅考虑一个方面。因此，良好的附着力需要油墨和承印物共同努力来营造。对于油墨，要提高其在承印物表面的附着力，需要对所用树脂进行筛选或改性；对于承印物，要是油墨能够牢固地附着在其表面，需要对表面进行一定的处理，使其具有能够牢固抓住油墨的能力。

4. 干燥速度

干燥速度是指油墨被转移至承印物表面后，液体成分或挥发或发生化学反应至油墨形成一层干燥墨膜的时间。为了提高印刷速度，油墨的干燥速度应越快越好。

5. 耐性

耐性是指油墨形成固态墨层后，墨膜受到外界因素影响时，保持墨膜色彩和其他品质不变的性能，主要包括耐热性、耐热水性、耐光性、耐老化性、耐乙醇性和耐酸碱性等。

参考文献

[1] Zahra B, Maryam A, Farahnaz N. Modeling the Effect of Pigments and Processing Parameters in Polymeric Composite for Printing Ink Application Using the Response Surface Methodology[J]. Progress in Organic Coatings, 2015, 82: 68-73.

[2] 李春江，马秀峰，陈浩杰. 水性喷墨染料型油墨与颜料型油墨性能比较 [J]. 广东印刷，2012(6): 47-50.

[3] 王少君，崔励，焦利勇，等. 印刷油墨生产技术 [M]. 北京：化学工业出版社，2004.

[4] Shlomo Magdassi. 喷墨打印油墨化学 [M]. 上海：华东理工大学出版社，2016.

[5] 陈永常. 纸张、油墨的性能与印刷适性 [M]. 北京：化学工业出版社，2004.

[6] 陈用烈，曾兆华，杨建文. 辐射固化材料及其应用 [M]. 北京：化学工业出版社，2003.

[7] Li X R, Wiljan T T, Smaala C K, et al. Charge Transport in High-performance Ink-jet Printed

Single-droplet Organic Transistors Based on a Silylethynyl Substituted Pentacene/insulating Polymer Blend[J]. Organic Electronics, 2011, 12(8): 1319-1327.

[8] Wu C H, Hwang W S. The Effect of the Echo-time of a Bipolar Pulse Waveform on Molten Metallic Droplet Formation by Squeeze Mode Piezoelectric Inkjet Printing[J]. Microelectronics Reliability, 2015, 55: 630-636.

[9] Burr, et al. Ink Jet Inks[P].US patent: 5998502, 1999.

[10] Kang H R, Water-based Ink-jet Ink. I. Performance Studies[J]. J. Imaging Sci., 1991, 35: 195-201.

[11] Rosen M J.Surfactants and Interfacial Phenomena[M]. Hoboken: Wiley Interscience, 2004.

[12] Podhajny R M. Surface Phenomena and Fine Particles in Water-based Coatings and Printing Technology[M]. New York: Plenum press, 1991.

[13] He D, Reneker D H, Mattice W L. Fully Atomistic Models of the Surface of Amorphous Polyethylene[J]. Comput Theor Polym Sci., 1997, 7: 19-24.

[14] United States Patent 6051628.

第三章　喷墨印刷油墨的制备工艺

喷墨印刷油墨的制备工艺的复杂程度主要取决于呈色剂的状态，呈色剂为可溶解的染料或功能性材料，制备工艺相对简单；呈色剂为颜料，制备工艺复杂，难点在于颜料的分散及其分散稳定性。

油墨的制备工艺过程分为色浆和油墨两个制备过程，其中色浆制备过程的主要作用是将染料或颜料均匀地溶解或分散在油墨体系中，而油墨制备过程的主要作用是将色浆稀释到油墨所需要的合适黏度并保持稳定的分散状态。表 3-1 为喷墨油墨的参考色浆配方，表 3-2 为喷墨油墨的参考油墨配方。

表 3-1　喷墨油墨的参考色浆配方

组分名称	质量百分比 /%
呈色剂	10 ～ 20
主成分（溶剂、单体或水）	30 ～ 65
树脂	20 ～ 40
助剂	5 ～ 10

表 3-2　喷墨油墨的参考油墨配方

组分名称	质量百分比 /%
色浆	20 ～ 30
主成分（溶剂、单体或水）	20 ～ 55
树脂	20 ～ 40
助剂	5 ～ 10

3.1　可溶解型呈色剂喷墨印刷油墨制备工艺

3.1.1　色浆制备

由于呈色剂可溶解于油墨体系，使用普通搅拌设备即可达到稳定的状态，经常使用的设备有磁力搅拌器、机械搅拌器等。按照表 3-1 的色浆配方配制色浆，并且进行搅拌，一般搅拌时间为 1 小时左右。

3.1.2 油墨制备

按照表 3-2 的油墨配方配制油墨，并且进行搅拌，一般搅拌时间为 1 小时左右。

3.2 颜料型喷墨印刷油墨制备工艺

3.2.1 颜料的分散工艺

颜料在分散介质中的分散工艺主要是根据分散质量、制备分散体系的成本以及被分散的颜料种类而定[1]。目前颜料分散的设备主要有震动式研磨机、三辊研磨机、球磨机、砂磨机、超声波分散器、高压均质机、篮式研磨机以及 BUHLER 万用型纳米研磨机等。颜料分散是将制备的色浆加入研磨腔内进行研磨，通过研磨过程中粉碎、剪切、撞击等手段将颜料颗粒聚集而形成的聚集体，重新分开成小颗粒的过程。

1. 球磨机

图 3-1 YM-I 型球磨机

球磨机的分散方法是将分散粒子（颜料）与成膜性材料（丙烯酸酯体系）进行预混合，在研磨器中加入粒径细小的钢球或玻璃球等研磨介质，当所需的研磨材料通过研磨器时，在研磨介质的高速运动、相互碰撞作用下实现粒子的分散。这种分散方式可根据要求调整分散时间及研磨速度，以便获得分散性、分散稳定性良好的油墨分散系。YM-I 型研磨机的速度可调范围为 100～900 转 / 分，如图 3-1 所示。

2. 高压均质机

高压均质机采用电机驱动，产生高压，将颜料粒子的聚集态打散，而使粒径减小，分布均匀。如图3-2所示，意大利 Niro-Soavi 实验型高压均质机的主要特点如下。

（1）具有两级均质阀，并采用陶瓷或碳化钨均质头，使用寿命较长。

（2）采用电机驱动而非气动方式，避免了空气经压缩产生的水分进入高压泵而导致高压均质机无法正常运行的问题。

图 3-2　意大利 Niro-Soavi 高压均质机

（3）样品经高压均质后，最终平均粒径可以达到 100nm 以下，且粒径分布均匀。

（4）可进行在线清洗和在线蒸汽灭菌。

3. 高速搅拌器（砂磨机）

高速搅拌器俗称砂磨机，是一种立式的搅拌器。在高速研磨时，研磨腔中的温度会快速升高，从而破坏油墨的各种性能平衡。因此，可以对研磨杯进行改进，增加隔层，通过冷却水对研磨体系进行冷却。这种设备可使研磨珠与物料发生高速旋转，通过高速剪切、碰撞而使颜料分散。图3-3为 GJ-2S 型高速搅拌器。

砂磨机的研磨介质是锆珠，但锆珠有不同的直径，分散体系中各组分及各组分的混合搭配都会匹配不同直径的锆珠。由于研磨珠的大小不同，各研磨珠在旋转过程中的冲量也不同，从而导致其与颜料之间的剪切力和碰撞不同，而产生不同的效果，所以需要研究不同直径锆珠对分散体系分散效果的影响。

另外，研磨机的转速和研磨时间也会影响砂磨机分散的效果。研磨机的转速不同也会致使冲

图 3-3　GJ-2S 型高速搅拌器

量不同，剪切力不同；研磨时间的长短决定研磨是否充分，并且过长时间的研磨可能会导致颜料颗粒过小而发生团聚。

4. 纳米研磨机

BUHLER 万用型纳米研磨机主要由一个密封的研磨腔、喂料槽及低温冷却热循环泵组成。研磨腔内有定子和带有多个棒销的转子构成，在研磨时，物料在研磨腔和喂料槽之间循环。

研磨原理如下：BUHLER 万用型纳米研磨机使用的是 Drais SuperFow 立式棒销式研磨模式，机器运行中研磨腔内高速运转的定子和转子壁上的棒销赋予研磨珠很高的能量，所加物料利用研磨珠的剪切力来达到研磨分散的效果并能使粒径达到纳米级。图 3-4 为 BUHLER 万用型纳米研磨机。表 3-3 为机器的基本性能参数，表 3-4 为研磨珠使用标准。

图 3-4　BUHLER 万用型纳米研磨机

表 3-3　机器的基本性能参数

动力	转子最大的线速度	研磨室空间	重量
2.2kW	13.2m/rad	0.275L	150kg

表 3-4　研磨珠使用标准

研磨珠粒径 /mm	Rotor 线速度 /（m/sec）	滤网间隙 /mm
0.3	> 10.5	0.1
0.5	> 10	0.22
0.8	> 9	0.3

研磨机的具体操作步骤如下：

（1）选择所需的研磨珠和滤网，滤网需要安装至机器上。

（2）加入研磨珠，一般要求为研磨腔体积的 80%，如果使用锆珠，其质量约为 0.814kg。

（3）加入所需研磨物料，一般物料加入量不应少于整个循环体系的体积（约 500 ～ 600ml）。

（4）打开冷却水循环和氮气瓶，然后将配电箱外壳上的开关跳到 10N 的位置。

（5）按主电机（A）和泵（P）下面的绿色按钮开启主电机和泵，根据物料调节旋转钮来控制主电机速度和泵循环物料的速度进行研磨。

（6）研磨结束取出研磨好的物料，由于研磨珠比较小需要进行带珠清洗，根据物料选择合适的清洗液，一般要多次冲洗，直至导出的清洗液干净为止。

（7）按主电机（A）和泵（P）下面的红色按钮关闭主电机和泵，然后将配电箱外壳上的开关跳到 "2OFF" 的位置并停止冷却水循环。

（8）取出研磨珠和滤网。此过程需将研磨腔打开放平再将研磨珠和滤网取出，然后将研磨腔冲洗干净并擦干后重新装上。

机器使用注意事项：使用前观察密封液是否加满，如果不满需要放出 N_2，并加入密封液；研磨过程中物料受温度影响需要观察温度计然后调节研磨温度；主电机使用期间需观察电流表的刻度值一般不超过红色警戒线；N_2 瓶上出气口压力一般控制在 0.5Mpa 左右，一定不能超过 0.9Mpa；清洗机器时要把密封口研磨珠清洗干净否则影响密封效果。

需要注意的是，实验中用到的低温冷却水循环泵中间有凹槽，可放入酒精，然后启动机器制冷，即可得到低温的冷却水。循环泵通过软管将冷却水提供给研磨机，包裹研磨腔外壁，带走研磨腔因高速研磨产生的热量，使研磨腔内的温度降低，并流回循环泵内。循环泵制冷可达到 -30℃，一般在研磨过程中，冷却水的温度应控制在 -20℃。

3.2.2　油墨的过滤工艺

油墨在制备过程中可能会有大颗粒杂质或者大颗粒团聚体，在形成油墨成品或上机使用之前，必须对油墨进行过滤。过滤的方法需要考虑两个方面：一是过滤膜的材质和孔隙，根据油墨的体系不同（水性、溶剂型、UV 型）选择不同材质的过滤膜，过滤膜的孔隙决定着过滤后油墨的分散粒径，一般会参考油墨的分散图来选择过滤膜的孔隙大小，使最终过滤后油墨的分散粒径满足要求即可；二是根据过滤的油墨量可选择不同方法，如图 3-5 所示，市面上的瓶顶过滤器一般可用于实验室，滤膜直径一般为 50mm 左右，过滤速度较慢。为了提高过滤速度，实验室还自制了滤膜直径为 15cm 的过滤器，过滤速度较快。

图 3-5　瓶顶过滤器

1. 瓶顶过滤器

瓶顶过滤器是真空过滤器，由过滤的主体设备（滤杯、滤头、锥形瓶）和一个隔膜真空泵（为整个设备提供负压）组成，中间用橡皮管连接。该设备是将主体设备按照顺序组合好，然后将待过滤的油墨由上面的滤杯倒入，形成一个密封的体系，此时启动真空泵，抽出设备中的空气，产生负压，油墨就可通过滤膜流下，完成过滤。该仪器采用特硬优质玻璃材料，壁厚均匀，流量快，耐压和密封性能非常好。过滤口的直径在 50mm 左右，一般适用于直径大于 50mm 的过滤膜，由于过滤口小，过滤速度慢，主要用于量比较少的油墨过滤，一般为 200ml 以下。

具体过滤步骤如下：

（1）在锥形瓶瓶口外延涂抹真空硅脂（防止真空度过高，无法拆卸），将滤头倒扣在锥形瓶上；

（2）用镊子夹取微孔滤膜并将其放在滤头筛板的正上方，用油墨中使用的溶剂或者黏度较低的成分将滤膜润湿，使其贴附在滤头上，防止移动；

（3）将滤杯扣在滤头正上方，用封口胶将滤杯和滤头的接口处密封好，用夹子夹紧；

（4）将需要过滤的油墨倒入滤杯中，注意不可超过滤杯的最大刻度线；

（5）打开隔膜真空泵，开始过滤，油墨过滤后会流入锥形瓶中；

（6）过滤完成后，关闭真空泵，将设备拆卸并进行清洗工作。

需要注意的是：在过滤过程中，禁止在没有油墨的情况下开动真空泵，会将滤膜吸破；在更换滤膜时，也要关闭真空泵，并将滤杯中残留的油墨吸干净，再拆开设备。

2. 自制过滤机

为了满足油墨中试的需要，实验室自制了一台可实现大容量油墨过滤的设备。如图 3-6 所示，自制过滤机下端放置一个低噪音无油空压机，上端为一个倒扣的可密封不锈钢圆杯，两者通过一根软管相连，此装置通过空压机产生压力，由细管连接到圆杯，杯内的油墨在压力作用下，通过滤膜完成过滤。设备使用直径为 15cm 的微孔滤膜，一次可过滤 500ml 油墨，适合大量的油墨过滤。空压机上有压力控制钮，可根据需要设置压力大小，并且装有压力表可以显示压力，在过滤时通常设置压力不超过 0.05mpa，压力过大会将微孔滤膜冲破，导致失去过滤效果。

图 3-6 自制真空过滤机

过滤步骤如下：

（1）过滤时，将电源打开，然后打开空压机的开关，空压机将向罐内吸气，产生压力；

（2）将滤膜润湿放置在过滤网上，然后将圆杯安放好，拧紧螺丝，从圆杯的口处把油墨倒入，做好密封；

（3）打开空压机的控制阀，放出压力，然后打开细管另一端的圆杯控制阀，油墨便通过滤膜，流入滤膜下面的细管中，用容器接取过滤后的油墨即可。

3.3　颜料型喷墨印刷油墨的分散技术

颜料型喷墨印刷油墨的制备工艺难点在于颜料的分散及其分散稳定性，一般在制备色浆时需要考察其分散性能，粒径一般要求95%小于1μm，如图3-7所示，粒径较小，基本在1μm以下，粒径分布较窄，分布比较均匀，说明分散效果很好。

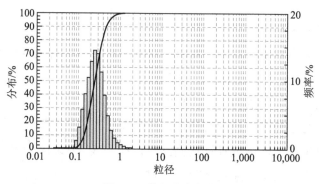

图3-7　粒径分布状态

3.3.1　颜料的分散机理

颜料颗粒的原始粒径是很小的，但当其进入液态的油墨体系后，颗粒与颗粒黏附在一起，团聚成尺寸比之大许多倍的聚集体。这种大尺寸的聚集体会堵塞喷墨印刷机的喷嘴而造成印刷故障，因此需要通过机械研磨打破大聚集体，维持小粒径的聚集体状态。颜料的分散通常有三个过程：颜料颗粒表面润湿、颜料颗粒以聚集态分散和颜料颗粒的分散稳定[2]。

1. 颜料颗粒表面润湿

颜料润湿是颜料在油墨体系中分散的第一步，它指的是颜料进入液态的油墨体系后，颜料颗粒表面的空气逐步被液态的油墨体系所取代的过程。润湿过程的影响因素主要有两个方面，一是分散介质，一是颜料颗粒表面性能。

分散介质的化学性能会影响颜料颗粒的润湿，比如表面张力、黏度等。不同分散介质的表面张力不同，只有分散介质的表面张力低于颜料的表面张力时，润湿过程才能正常进行。对于水性的分散介质，表面张力往往大于颜料颗粒的表面张力，可通过添加表面活性剂来改善润湿性能。一般黏度较大的分散介质，颜料颗粒也很难被润湿，可适当降低分散介质黏度以改善润湿性能。

颜料颗粒的表面状态也会影响其润湿过程，对颜料颗粒表面进行物理或化学处理，使颜料颗粒表面与介质之间具有良好的匹配性。例如，在亲水性颜料颗粒表面形成疏水性的单分子吸附层，以适应疏水性分散介质，而在疏水性颜料颗粒表面形成亲水性的吸附层，以适应亲水性的分散介质。另外，颜料颗粒的润湿性还受其他因素的影响，如颗粒形状、表面化学极性、颗粒表面吸附的空气量及分散介质的极性等。良好的润湿性能使颜料颗粒与分散介质迅速地相互接触，完成润湿过程。

2. 颜料颗粒以聚集态分散

颜料颗粒完成润湿过程后，又快速团聚在一起，由于颜料颗粒原始粒径较小，很快以聚集态分散在油墨体系中。但是这种大尺寸的聚集体会堵塞喷墨印刷机喷嘴而造成印刷故障，必须将其粉碎以减小粒径，一般通过砂磨、球磨或高速捣碎机的机械作用（如剪切力、压碾等）粉碎颜料颗粒，使颜料颗粒直径大小分布呈"正态分布"曲线。颜料颗粒聚集体被研磨的过程其实是通过外力形成新的小尺寸颗粒，但是新生成的颗粒必须很快被分散介质润湿，润湿时间远比两个未被润湿的表面相接触所需的时间短时，才能完全润湿而使颗粒被分散介质分开，否则颗粒会因碰撞机会更大，而很快相接触，有可能在完全润湿之前重新聚集起来。因此，在这个过程中的影响因素很多，比如分散介质的性能、研磨条件等。

3. 颜料颗粒的分散稳定

分散稳定是指经过研磨，形成满足喷墨设备要求的新颗粒粒径后，能够持续保持这种分散状态。分散稳定的关键问题在于新颗粒的再次聚集，为了防止这种现象的出现，一般从分散介质和颜料颗粒两个方面去考虑。对于分散介质，选择与颜料颗粒相匹配的，能够快速将颜料颗粒表面润湿，有效隔离新颗粒；对于颜料颗粒，可以对其进行改性，表面包覆一层有稳定作用的吸附层，有效地将颗粒屏蔽，阻止粉碎的颗粒发生再次聚集或凝聚。分散稳定化的难点在于研磨过程，即使研磨过程中形成非常好的分散状态，但是随着外力的消失，分散稳定性很难保持。

3.3.2 分散状态评价方法

目前，在颗粒粒度测量仪器中，激光粒度测量仪已得到广泛应用。其显著特点包括测量精度高、测量速度快、重复性好、可测粒径范围广、可进行非接触测量等。激光粒度仪是利用激光所特有的单色性、聚光性及容易引起衍射现象的光学性质制造而成的。激光粒度分析技术是目前主要采用 Franhother 原理进行粒度分布分析。针对不同被测体系粒度范围，又可具体划分为激光衍射式和激光动态光散射式粒度分析仪两种。从原理上讲，衍射式粒度仪对粒度在 5μm 以上的样品分析准确，而动态光散射粒度仪则对粒度在 5μm 以下的纳米、亚微米颗粒样品分析准确。对于喷墨油墨而言，喷嘴孔径的大小对油墨体系中颜料分散粒径有一定的要求，为了满足高速高精度喷墨设备的需要，一般要求油墨体系中的颜料颗粒粒径小于 1μm。因此，一般采用激光动态光散射式粒度分析仪对喷墨油墨的分散状态进行测试。

图 3-8 为 Microtrac S3500 系列激光粒度仪工作原理示意图，原理上采用经典光散射技术和全程米氏理论处理，使用了三激光光源技术，配有超大角度双镜头检测系统，以对数方式排列 151 个高灵敏度检测单元，无须扫描。

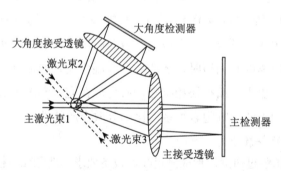

图 3-8 Microtrac S3500 系列激光粒度仪工作原理示意图

各种测试结果为图 3-9 所示，图 3-9（a）可以看出粒径较小，95% 的粒径基本都在 1μm 以下，粒径分布较窄，分布比较均匀，说明分散效果很好；图 3-9（b）出现了两个峰，其中高峰位于 30μm 左右，低峰位于 0.5μm 左右，说明颜料颗粒的粒径大部分在 30μm 左右，粒径较大，分散效果较差；图 3-9（c）也出现了两个峰，但是与 3-9（b）相反，高峰在 0.1μm，大部分粒径小于 1μm，但是存在一个低峰，粒径在 5μm 左右，这种情况可以通过过滤方法将低峰的大颗粒过滤掉，留下分散效果较好的小颗粒。因此，激光粒度仪可以帮助我们迅速判断粒径大小的集中范围，以及有无聚集状态颗粒及聚集状态的多少和大小。

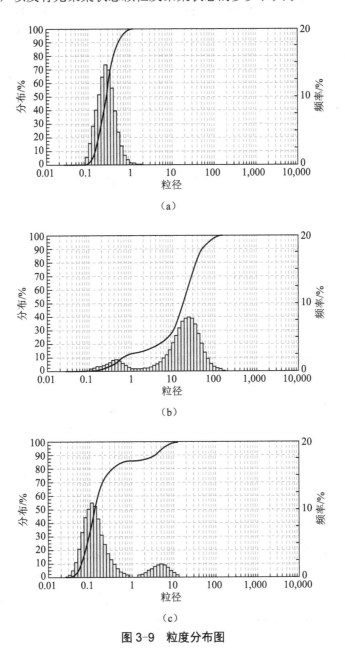

图 3-9　粒度分布图

3.3.3　分散设备

将 3.2.1 节中介绍的四种分散设备，即球磨机、高压均质机、砂磨机和纳米研磨机进行色浆研磨，发现四种设备的研磨效果不同。采用球磨机在玻璃球等研磨介质的高速运动、相互碰撞作用下，可以实现粒子的均匀分散，但是由于这种作用力较小，仅靠较长的时间来实现分散，一旦停止作用力，颜料颗粒较容易聚集。高压均质机在高压作用下，通过多次循环，可以把颜料粒子的聚集态打散，颜料粒子间产生一定的斥力，使黏度相对较大的油墨可以得到很好的分散，这主要是由于颜料粒子受到机械力作用，固体颗粒的晶体构型克服了势能障碍，由高内能的晶型状态转变成低内能的晶型状态，即由不稳定所示的晶型转变成稳定晶型，但是仍有部分颗粒会发生团聚，得到如图 3-9（b）和图 3-9（c）所示的双峰现象；砂磨机和纳米研磨机使用锆珠，与油墨颗粒的亲密接触会使颗粒之间产生真正的排斥，再加上连接料在此时如果能够包覆在颗粒表面，会让颜料颗粒的粒径保持在较小状态下，砂磨机一般适用于实验室用量，纳米研磨机可适用于产品正常投产前的试验。

3.3.4　颜基比

颜基比是指颜料和树脂的比例，因为颜料直接影响印品的着色力，而树脂的黏度较大，直接影响体系黏度，所以根据喷墨油墨性能的要求，应选择颜料的最大用量，即树脂的最小用量。选择最佳的颜基比来制备色浆，就可以达到颜料的最大填充量，即树脂的最小用量。一般改变颜基比为 1:1、2:1、3:1、4:1。

不同的颜基比对色浆的分散性有很大影响，这与体系的黏度和对颜料的润湿有很大关系，良好的润湿性可以使颜料粒子迅速与树脂溶液相互接触，有助于粒子的润湿分散。颜基比越大，树脂在体系中所占比例越小，体系的黏度降低。一般喷墨色浆的颜料颗粒粒径随着颜基比的增大，均呈现先减小后增大的趋势，主要是由于颜基比小于最佳值时，体系黏度太大，很难达到最佳润湿状态，直接影响到颜料颗粒的粒径大小和分布状态；当颜基比为最佳值时，体系可以达到对颜料的最佳的润湿状态，即体系的最佳流动状态，经过研磨后，颜料颗粒的粒径最小，分布均匀；随着颜基比的增大，超过最佳值时，体系黏度降低，颜料颗粒比较容易分散，但是此时粒子的扩散运动非常剧烈，粒子容易聚集。

3.3.5　分散剂

分散剂的作用是使颜料均匀地分散在树脂溶液中，形成稳定的体系。在一个良好的分散体系中，分散剂既应该提供良好的斥力，又必须牢固地结合在被分散粒子的表面，即有强的锚式结合，这样才能使颜料粒子分散均匀并且稳定。分散剂的结构和颜料表面性质的不同，相互之间的润湿效果也有很大差别。应该针对不同颜料表面性质来选择分散剂，以使分散效果达到最佳。

在分散剂与颜料和树脂溶液的润湿作用中，随着分散剂含量的增加，将达到最佳润湿效果，此时体系处于最佳流动状态。因此，寻找到分散剂的最佳含量非常重要，当分散剂的比例等于最佳含量时，分散剂可以和树脂溶液及颜料之间达到最佳的润湿效果，颜料颗粒分散均匀，粒径较小；当分散剂的比例小于最佳含量时，由于分散剂不能提供足够厚度的吸附层，对颜料颗粒、颜料颗粒聚集体以及树脂溶液的润湿效果不好而导致分散效果相对不好；当分散剂的比例大于最佳含量时，分散剂的含量过多，影响了已经形成的稳定结构，反而会导致体系分散稳定性的降低。

参考文献

[1] 任俊 , 沈健 , 卢寿慈 . 颗粒分散科学与技术 [M]. 北京 : 化学工业出版社 , 2005.

[2] 李荣兴 . 油墨 [M]. 北京 : 印刷工业出版社 , 1986.

第四章　颜料型喷墨印刷油墨

颜料型喷墨印刷油墨的特点是其使用的呈色剂为颜料，它可以使油墨的色彩更鲜艳，印刷品的色彩牢固度高，但这也给油墨制备带来了难点：颜料在油墨体系中如何获得较好的分散及分散稳定性。按照油墨体系的不同，颜料型喷墨印刷油墨可以分为水性、UV 型和溶剂型，不同体系的油墨在油墨组分、性能要求、应用领域等方面有很大的差异，尤其是 UV 喷墨油墨在油墨组分和干燥方式上不同于其他油墨体系。

4.1　水性喷墨油墨

水性油墨是以水为主要成分的油墨，而对于颜料型喷墨油墨，颜料需要均匀分散在水中，水作为分散介质，表面张力要高于颜料颗粒的表面张力，颜料颗粒不易分散在水中，可通过增加表面活性剂或者对颜料颗粒表面进行改性以解决分散问题。另外，对于水性油墨，干燥性能也是需要关注的一点，水性油墨主要依靠自然挥发干燥，但是水性体系的干燥速度非常慢，可以通过选择合适的树脂来提高干燥速度。水性油墨的优点在于它的环保性，与国家提倡的"绿色印刷"相吻合，在解决了水性油墨的颜料分散和干燥问题后，它将是发展前景光明的喷墨油墨。

4.1.1　水性喷墨油墨的颜料分散

水性油墨中颜料的选择必须考虑其酸碱性和水溶性，由于水性油墨中连接料大多为碱性，颜料选择时要考虑耐碱性；颜料的水溶性也要符合要求，水溶性小，不利于颜料在水性体系中的分散，水溶性大，则会破坏连接料的稳定性。

颜料颗粒在水性体系的分散过程中比其他体系简单，在树脂选择合适的基础上，普通砂磨机即可完成颜料的分散。

4.1.2　水性喷墨油墨的干燥

水性油墨干燥速度受树脂类型的影响，树脂的极性基团、分子量、交联密度、结晶性和玻璃化温度是影响油墨干燥速度的主要化学因素。水分散树脂主要有两类：一种是水性聚丙烯酸酯类乳液，一种是水性聚氨酯类乳液。近年来，越来越多的科研人员对这两类树脂进行改性，以提高水性油墨的干燥速度，制备高档水性油墨，扩大其应用领域。

4.2　UV 喷墨油墨

UV 喷墨油墨是一种反应型油墨，体系中的光引发剂、单体和树脂可以在紫外光的照射下发生"瞬时"固化，因此，相比水性油墨，UV 油墨的干燥问题无须担忧，并且其在反应过程中无污染，可实现零 VOC 排放，也没有环保问题。但是这种油墨中所涉及的光固化材料对皮肤有一定的刺激性，在制备和使用过程中需注意保护皮肤。

4.2.1　UV 喷墨油墨的光固化过程

UV 油墨的固化机理是在紫外光的照射下，油墨体系中光聚合引发剂吸收特定波长的光子，激发到激发状态，形成自由基或阳离子。之后，通过分子间能量的传递，使聚合性预聚物和感光性单体等变成激发态，产生电荷转移络合体。这些络合体不断交联聚合，在极短的时间内固化成三维网状结构的高分子聚合物。

UV 油墨固化过程的本质是光引发的链式聚合反应，即通过光引发剂的引发作用，打开不饱和双键发生聚合反应，形成稳定的网状结构。油墨体系中的不饱和双键主要在光聚合性预聚物上，它很难在紫外光源的作用下直接打开，即使是感光性材料，也无法自行打开进行固化反应，这时就需要添加光引发剂。光引发剂在吸收光量子后，从基态变为激发态，进而分解生成自由基和阳离子；打开链的引发作用后，开始引发不饱和双键发生聚合反应；聚合物分子不断交联形成网状结构，直到自由基失去活性，链的增长才终止，这时，油墨也完全固化了。

固化体系包括自由基光固化体系和阳离子光固化体系[1]。自由基光固化体系是光固化中应用最广泛的体系，具有固化速度快、原料价格相对低廉的优点。因此，自由基光固化体系固化过程可以概括为以下三步[2]：

（1）引发反应：当固化组成物在紫外光照射时，光引发剂被激发。

（2）增长反应：自由基与树脂连接料的双键相互作用，形成长链自由基。

（3）终止反应：随着反应进行，越来越多的双键被打开，接上自由基，最终自由基消失，链增长终止。

4.2.2　光固化过程所用光源

1. UV 光源

UV 光源是指在进行 UV 固化过程中能够发射出 UV 光的设备，目前大多数 UV 光源使用的都是汞弧灯（即紫外灯或汞灯）。汞弧灯是一种透明的石英管，内部封装有汞，两端有电极，通电后灯丝被加热，汞受热后会形成汞蒸气而跃迁至激发态，由激发态回到基态就会发射出紫外光。根据汞灯中的蒸气压力不同，可分为低压汞灯、中压汞灯和高压汞灯，三种汞灯所发射的紫外光谱不同。低压汞灯中汞蒸气压力为 10～100Pa，发射的紫外光呈线状的分立光谱，其主要发射波长为 185～254nm，因为低压汞灯的功率较小，通常只有几十瓦，并且发射波长很短，易产生臭氧而污染环境，所以很少在光固化中使用。中压汞灯，在我国习惯称为高压汞灯，汞蒸气压力为 105Pa，发射的紫外光光谱波长范围较宽并有重叠，其主要发射波长为 365nm，其次为 313nm 和 303nm。高压汞灯也被称为超高压汞灯，汞蒸气压力为 105～106Pa，发射的紫外光光谱重叠呈连续带状光谱，可覆盖 UV 油墨固化所需的所有范围。

2. UV-LED 光源

最近几年，随着国内外 UV 喷墨设备的快速发展，国内已有几家成熟的 UV 喷墨油墨企业上市，但是 UV 喷墨设备所采用的传统 UV 固化光源具有能耗大、易产生臭氧、体积大等缺点，越来越多的 UV 喷墨设备厂商开始选择 UV-LED 固化光源。UV-LED 光源是利用光电转换原理，芯片中的电子和正电荷在移动过程中碰撞结合转化成光能，使得 UV-LED 固化具有节能、环保、发光效率高、寿命长、反应速度快、放热少等优点 [3-4]。但是在 UV-LED 固化装置中，半导体材料对光谱宽度有限制，光源辐射波峰单一，能量聚集在狭窄的紫外光谱波段，导致 LED 固化装置难以完全固化传统的 UV 油墨，且固化速度明显减慢。

UV-LED 光源有点光源、线光源和面光源，其中 365nm、385nm、395nm、405nm 等波长应用较多，冷却方式有风冷和水冷两种。为了改善 UV-LED 喷墨油墨的固化性能，在其组分筛选中需要选择对 UV-LED 光源的光谱吸收率较高的材料。

4.2.3　UV 喷墨油墨的固化

UV 喷墨油墨的固化速度受到光引发剂、单体、预聚物、颜料等多种因素的影响。光引发剂直接影响 UV 喷墨油墨的固化速度，不同的光引发剂对同一波段紫外光的吸收都有一个最大吸收峰，在此处的引发效率最高，固化体系的固化速度也就最快，在一定范围内，引发剂量越大固化速度也就越高；随着颜料浓度的降低、颜料粒子的变大及从红色到紫色，颜料粒子对紫外光的吸收率减小，因而在紫外光辐射总能量不变的情况下，引发剂得到的能量就多，引发效率变大，固化速度变快；单体的官能团是影响固化速度的主要因素，通常，随着单体官能团的增加，单体的分子量和活性变大，固化速度也加快；一般来说，预聚物相对分子质量大，固化速度快，不同的预聚物固化速度也不一样，不饱和聚酯的固化速度最慢，环氧丙烯酸酯的固化速度最快。在 UV 喷墨油墨的制备过程中，一定要综合考虑以上影响因素，在保证较低黏度的前提下，尽量保证油墨具有较高的固化速度。

1. 固化性能测量方法

参与光固化反应的单体都含有不饱和双键或环氧基团，这些基团在红外光谱中均有特征吸收谱带，随着固化反应的进行，基团逐渐转化而消失，相应其吸收谱带强度也逐渐减弱，因此可以利用这些谱带的强度变化来表征固化反应的程度 [5]。对于 UV 喷墨油墨体系，其重要组成物质都为丙烯酸酯类，固化性能测量常用的谱带是 C=C 双键在 810cm^{-1} 的扭曲振动和 1630cm^{-1} 的伸缩振动。

图 4-1 所示为油墨在经紫外光照时间分别为 0s、2s、6s 和 8s 时，通过红外光谱仪测出 C=C 双键在 810cm^{-1} 扭曲振动的变化。可以看出在 0s，即没有经过

紫外光照射前，C=C 双键在 810cm⁻¹ 的吸收峰最高，随着紫外光照射时间增加，C=C 双键打开参与链增长，C=C 双键减少，吸收峰逐渐降低。需要注意的是，一般 C=C 双键不会变为零，也就是说最终的吸收峰不会变为直线，这是因为光固化过程中油墨各组分会有长时间的暗反应，这将会使 UV 喷墨油墨表面固化，但是固化膜内部还未充分固化，即使经过长时间暗反应后也不能达到 100% 完全固化。具体可利用下式进行计算。

$$固化率 = （A_0 - A_t）/A_0 \times 100\%$$

式中，A_0 是未固化时 810cm⁻¹ 谱带的强度；A_t 是经 UV 光照时间为 t 时 810cm⁻¹ 谱带的强度。

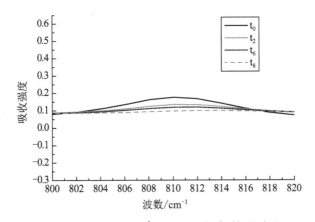

图 4-1 在 810cm⁻¹ 处吸收强度随时间的变化

需要注意的是，对于液体油墨使用红外光谱仪进行以上固化性能测试时，可以购买溴化钾窗片，其直径要符合红外光谱仪测试窗口的直径要求。

2. 光引发剂对固化性能的影响

不同光引发剂制备油墨的固化率有明显不同，分析其原因，主要有三个方面。第一，是由于颜料的紫外光光谱吸收曲线与光引发剂紫外光光谱吸收曲线有着密切的关系，经过实验测得大多数颜料在其吸收紫外光光谱上都存在吸收光较弱的部分，这被称为颜料的"光谱窗口"，充分利用这些透光窗口，选择和该窗口匹配的光引发剂是提高 UV 喷墨油墨固化速度的关键。光引发剂的吸收峰在有效范围内越多，其对紫外光的捕获能力较强。第二，由于光引发剂发挥效应的前提是可以吸收光能，因此，光引发剂与 UV 光源的辐射谱带是否匹配也直接影响固化反应的速度。第三，光引发剂自身的引发效率。

　　分别用光引发剂 TPO、184、651、907、1173、ITX 来制备 UV 四色喷墨油墨，并测试所制备油墨的固化率，不同颜料的测试结果分别如图 4-2、图 4-3、图 4-4 和图 4-5 所示。颜料分别使用青颜料（BLUE4G-K，Ciba 公司）、品颜料（RT-355-D，Ciba 公司）、黑（R250，卡博特公司）和黄颜料（美利达公司）的光谱吸收曲线。

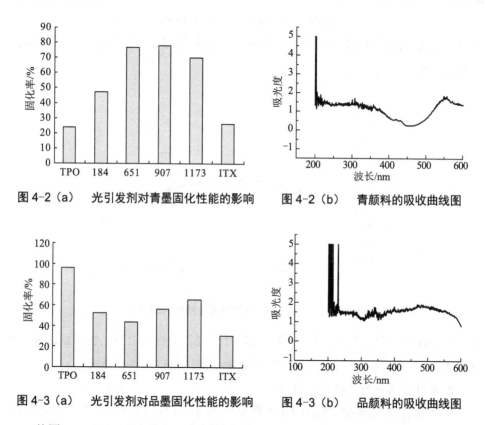

图 4-2（a）　光引发剂对青墨固化性能的影响　　图 4-2（b）　青颜料的吸收曲线图

图 4-3（a）　光引发剂对品墨固化性能的影响　　图 4-3（b）　品颜料的吸收曲线图

　　从图 4-2（b）可以看出，青颜料在紫外光光谱区域（200～400nm）的吸收紫外光较弱区域即透光窗口在 230～260nm 和 340～360nm 附近，而光引发剂 907 和 1173 分别在 235nm 和 240nm 有吸收峰，光引发剂 651 在 255nm 和 345nm 都有吸收峰，这些吸收峰均在青颜料的透光窗口内，所以用 651、907 和 1173 制备的油墨的固化率都比较高。另外，UV 光源 D 灯的辐射峰在 250nm、310nm、380nm 附近，光引发剂 907 和 651 分别在 310nm 和 255nm 有吸收峰，与 UV 光

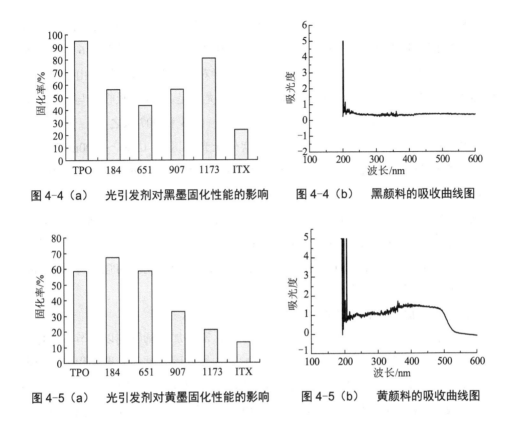

图 4-4（a）　光引发剂对黑墨固化性能的影响　　图 4-4（b）　黑颜料的吸收曲线图

图 4-5（a）　光引发剂对黄墨固化性能的影响　　图 4-5（b）　黄颜料的吸收曲线图

源的辐射峰比较接近，尤其是光引发剂 907 的吸收峰与 D 灯的辐射峰直接对应，因此用光引发剂 907 所制备油墨的固化率最高，651 次之。光引发剂 TPO、184 和 ITX 虽然在透光窗口附近也有吸收峰，但是与透光窗口不是直接对应，又由于自身的引发效率不高，所以固化率比较低。

　　从图 4-3（b）可以看出，品颜料在紫外光光谱区域（200 ～ 400nm）的吸收紫外光较弱区域即透光窗口在 290 ～ 310nm 和 345 ～ 365nm 附近，光引发剂 TPO 在 269nm、298nm、379nm、393nm 多处有吸收峰，298nm 处的吸收峰在品颜料 290 ～ 310nm 的透光窗口内，且 TPO 的吸收峰与光源的强辐射区 380nm 附近相对应，所以其固化率最高。光引发剂 907 在 310nm 处有吸收紫外光的峰值，接近品颜料 290 ～ 310nm 的透光窗口，且此处为光源辐射主波长，所以其固化率也较高。光引发剂 1173 的吸收峰在 240nm 与品颜料的透光窗口不接近，但是与 UV 光源 D 灯的 250nm 辐射峰比较接近，所以固化率也较高。

从图 4-4（b）可以看出，黑颜料在紫外光光谱区域（200～400nm）的吸收紫外光较弱区域即透光窗口在 220～230nm 和 345～355nm 附近，6 种引发剂的吸收峰只是接近黑颜料的透光窗口，没有直接对应的吸收峰，但是由于 TPO、1173 和 907 的吸收峰在 D 灯的辐射峰的附近，尤其是 TPO 的吸收峰与光源的强辐射区 380nm 附近相对应，所以其固化率最高，1173 和 907 次之。

从图 4-5（b）可以看出，黄颜料在紫外光光谱区域（200～400nm）的吸收紫外光较弱区域即透光窗口在 245～255nm 和 290～315nm 附近，光引发剂 184 和 651 的主吸收峰分别在 245nm 和 255nm，接近黄颜料的透光窗口，光引发剂 TPO 在 269nm、298nm、379nm、393nm 多处有吸收峰，在 298nm 处的吸收峰在黄颜料的透光窗口 290～315nm 范围内。光引发剂 184 和 651 的主吸收峰也与 D 灯的辐射峰 250nm 相接近，且 TPO 的吸收峰与光源的强辐射区 380nm 附近相对应。所以三者的固化率较高。

3. 单体对固化性能的影响

在制备 UV 喷墨油墨时，色浆的黏度较大，需要加入稀释剂以调节，单体作为稀释剂除能够调节体系的黏度，还能影响到油墨的固化性能、聚合程度以及所生成聚合物的物理性质等[6]，这是因为单体含有带 C=C 双键的官能团，可参与光固化反应，按照 C=C 双键的数量可分为单官能团、双官能团和三官能团单体。一般地，随着官能团数量的增加，单体的黏度会增大，但参与固化的效果会更好，这其实有些矛盾，但为了突破这个矛盾必须找到一个平衡，所以一般单体是由混合官能团单体组成，即单官能团、双官能团和三官能团单体混合在一起。

图 4-6 所示是用不同种类单体分别制备 UV 四色喷墨油墨，并测试其主要性能。对于固化速度，HDDA 的固化率最低，DPGDA 和 TMPTA 固化率都比较高。一般来说，三官能团单体活性大，交联密度高，固化率也较高，而单官能团单体在光聚合后，不发生交联，只能得到线形聚合物，固化率较低。对于品色、黑色和黄色喷墨油墨，三官能团单体 TMPTA 的固化率都比较高。但是对于青色喷墨油墨，由于加入光引发剂、预聚物等参与光固化过程，单体的固化性能不一定与油墨的固化性能成正比，双官能团单体 DPGDA 和三官能团单体 TMPTA 的固化率都比较高，并且双官能团单体 DPGDA 最高。

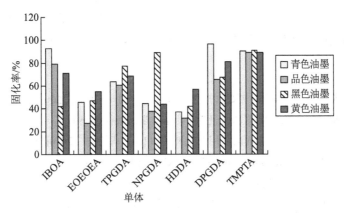

图 4-6　不同的单体对四色喷墨油墨固化率的影响

通过考察单一单体对 UV 喷墨油墨性能的影响，可以得出不同的单体对油墨的性能贡献不同，要得到综合性能良好的油墨，可考虑采用混合单体配制油墨以使单一单体发挥协同作用。以青色喷墨油墨为例，由于 EOEOEA 可以很好地调节体系黏度，DPGDA 能够使体系具有更高的固化率，NPGDA 有利于体系中颜料颗粒的分散，所以，选用 EOEOEA、DPGDA、NPGDA 组成混合单体。利用配方试验对筛选出来的三种单体进行设计，并测试相关性能，可以得出三者的最优比例为 NPGDA：EOEOEA：DPGDA=3：30：20。同理，可以得出品色、黑色和黄色喷墨油墨的最优混合单体比例分别为 EOEOEA：NPGDA：TMPTA=34：45：21，EOEOEA：HDDA：TMPTA=53：27：20 和 NPGDA：TPGDA：TMPTA=45：42：13。

4. 预聚物对固化性能的影响

预聚物也称低聚物，是 UV 喷墨油墨配方中的基体树脂，也是构成油墨的基本物质。对于颜料型喷墨油墨，树脂一般选择两种，一种是分散树脂，另一种是参与固化成膜的树脂。在制备色浆时，需要分散树脂参与颜料颗粒分散，主要是对颜料颗粒进行充分润湿，以免其发生团聚；在制备油墨时，需要成膜树脂参与光固化反应，不仅对固化性能有影响，也会影响固化后的成膜效果，比如墨膜的附着力、耐性、硬度等。

一般来说，预聚物分子量大，固化时体积收缩小，固化速度也快，但分子量大，黏度升高，所以通常使用很少的量用来提高油墨所需的成膜性能和分散性能。

UV 喷墨油墨应优选官能团大于 1 的液体预聚物，以保证油墨具有较好的固化性能和较低的黏度，如果不是液体，它也应该可溶于所用活性物质的液体组分中。

参考文献

[1] 吴世康 . 高分子光化学导论 : 基础和应用 [M]. 北京 : 科学出版社 , 2003.

[2] 赵国玺 . 表面活性剂物理化学 [M]. 北京 : 北京大学出版社 , 1991.

[3] 季栋梁 . LED 在 UV 印刷方面的应用及发展动向 [J]. 印刷杂志 , 2010(5): 56-58.

[4] Siegel S B. UV Commercialization of LED Curing [C]. Proceedings of RadTech Asia 2005. Shanghai: RadTech Asia Organization, 2005: 339-356.

[5] 陈用烈 , 曾兆华 , 杨建文 . 辐射固化材料及其应用 [M]. 北京 : 化学工业出版社 , 2003.

[6] 杨建文 , 曾兆华 , 陈用烈 . 光固化涂料及应用 [M]. 北京 : 化学工业出版社 , 2005.

第五章　荧光防伪喷墨印刷油墨

在日光下，紫外荧光油墨是无色的，但在紫外光源的照射下，油墨中的荧光材料会吸收高能量光子（波长范围为 320～380nm）而发出低能量光子（波长范围为 380～730nm），呈现可见的彩色效果，正是因为这种特殊的发光功能，荧光油墨引起了印刷行业的广泛关注，主要应用在证件、药品等高端防伪上，也逐渐引起其他行业的兴趣，如玩具、室内装饰等[1-3]。传统印刷方式不能满足用户的所有需求，而喷墨印刷作为数字化印刷方式中的一种，具有个性化和即时印刷的特点[4-6]，与荧光油墨相结合可以扩大荧光油墨的应用范围，比如包装产品的防伪条形码印刷、各种证件上的防伪信息以及荧光壁纸等产品。

普通油墨采用减色法原理进行成像，而荧光喷墨油墨则采用加色法原理，依靠内部荧光化合物的发光进行成像，这就要求油墨必须能够发出色相纯正及高强度的红、绿、蓝三色荧光。目前，国内可应用于荧光喷墨油墨中的红色和蓝色荧光材料已经市场化，但是已有的绿色荧光材料由于溶解性较差，不能用于制备绿色荧光喷墨油墨。未来的方向是合成蒽类荧光材料，寻找出适合制备绿色荧光喷墨油墨的呈色剂，以实现红、绿、蓝三原色呈色的彩色印刷图像。

5.1 荧光防伪喷墨印刷油墨

5.1.1 荧光防伪喷墨印刷油墨的特点

荧光油墨在日光下是无色的，但在紫外光源的照射下，油墨依靠内部组分荧光化合物吸收高能量光子而发生能级跃迁，在回到激发态的过程中可发射出低能量光子，即彩色光，如图 5-1 所示。利用这种特性，荧光油墨可以应用在防伪产品上实现高防伪[7,8]，例如护照、证券、毕业证书、邮票等产品的防伪。另外，根据市场需求，进一步拓展了荧光油墨的应用范围，如应用在室内装潢等领域，呈现出特殊的艺术效果。目前，荧光油墨主要应用在胶版印刷[9]、丝网印刷[10]等传统印刷方式上，但是随着荧光油墨的市场需求越来越大，传统印刷方式已经不能满足各种用户的要求。

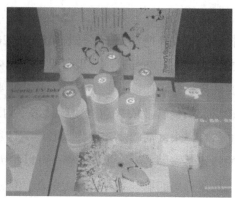

（a）日光　　　　　　　　　　　　　　（b）紫外光

图 5-1　日光和紫外光下的荧光油墨（彩图 1）

喷墨印刷属于数字化印刷方式的一种，具有数据可变、个性化和即时印刷等特点[11]。在 2012 年、2016 年和 2020 年三届的全球最大印刷展——德鲁巴展会上，数字化印刷都是主题，喷墨印刷凭借成本低、速度快以及印刷质量日益完美的优势从数字印刷方式中脱颖而出，在印刷行业的应用范围越来越广泛。荧光油墨与喷墨印刷相结合可以应用在更多的防伪产品上，改变传统印刷方式的局限，例如，包装产品的防伪条形码、各种商业单据和票证上的防伪信息、个性化的艺术效果等。

普通油墨采用减色法原理进行成像，而荧光喷墨油墨则采用加色法原理，依靠内部荧光化合物的发光进行成像，这就要求油墨必须发出色相纯正及高发光强度的红、绿、蓝三色荧光。因此，荧光喷墨油墨发光材料的筛选非常重要。目前，稀土类荧光化合物在荧光油墨中的应用比较多，但是以传统印刷方式为主，因为这类化合物不溶于喷墨油墨体系，并且粒径和分散稳定性也难以达到喷墨油墨的要求[12]，另外，稀土属于稀有产品，往往需要在高温下进行加工，耗能较大。Peter D.[13] 等合成了纳米级别的 ZnS 掺杂 Mn，并将其分散在水性喷墨油墨中，但是存在货架期较短、易团聚而堵塞喷头的问题。解决此问题的最佳方法就是合成具有较好溶解度的荧光材料，有机发光材料以优异的溶解性和高量子效率等特点，相比于稀土类荧光材料更适合作为喷墨油墨的呈色剂[14,15]，有机发光材料主要应用于有机电致发光器件（Organic Light Emitting Devices，OLED）上，包括有机小分子和聚合物两大类。国外已经有一些科研工作者利用有机发光材料的荧光特性，将其应用在印刷领域，Kim[16]等合成了具有高热稳定性和较好溶解度的4种二萘嵌苯，用于喷墨油墨的呈色剂；Maryam Ataeefard[17]等使用乳液聚合（EA）方法将苯并恶唑基和苯并咪唑基香豆素衍生物合并到聚酯体（苯乙烯—丙烯酸）中，将其作为呈色剂应用在荧光喷墨油墨中。国内还未见相关报道。

　　目前国内已经市场化的红色发光材料以稀土类发光材料为主，仅有一种铕配位的聚合物[18]可溶解于溶剂型喷墨油墨体系中，此发光材料的结构如图5-2所示，由三氯化铕、邻菲啰啉、噻吩基三氟-1,3-丁二酮及丙烯酸合成铕配位单体（ECM），再与甲基丙烯酸甲酯（MMA）聚合成稀土类有机配合物，可在紫外光源下发出红色可见光（602～630nm）。国内已经投入市场的蓝色发光材料以有机小分子为主，溶解性较好，例如一种杂环有机物[19]，名称为2-[5-溴-(2-对甲苯磺酰氨基)苯基]-6-溴-4-(3H)-喹唑啉酮，其结构如图5-3所示，在紫外光源下可发出400～500nm的蓝光。

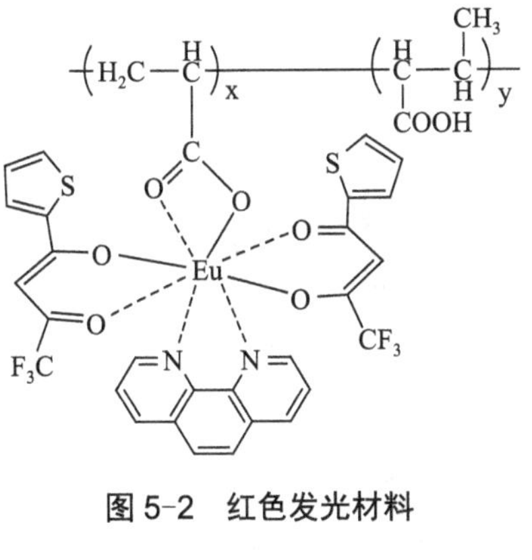

图5-2　红色发光材料

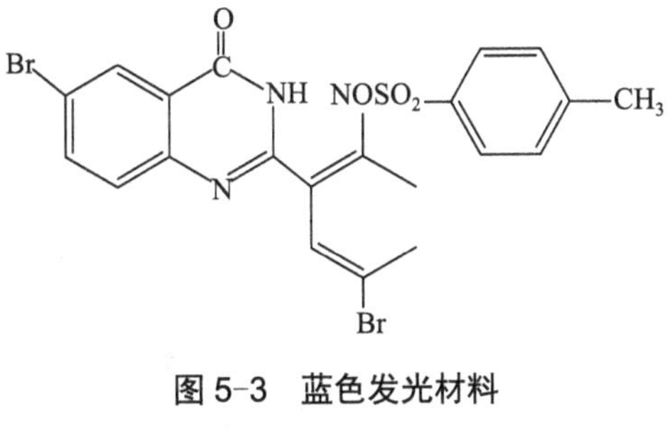

图5-3　蓝色发光材料

　　国内还未见关于可溶解于溶剂型油墨体系的绿色发光材料的报道，这也成为研究的热点。为了实现荧光喷墨油墨加色法彩色成像，必须合成具有优异溶解性和高量子产率的绿色发光材料。最关键的是选择母体材料，蒽属于有机小分子发光材料，具有共轭大π键，是稠环芳香化合物的一种，拥有良好的热稳定性、分子易修饰性、深蓝色荧光性质、高量子产率及较好的溶解性[20,21]。蒽的分子结构如图5-4所示，可利用分子易修饰性的特点在9-和10-上引入不同基团，但是为了获得以蒽为母体的绿色或者红色发光

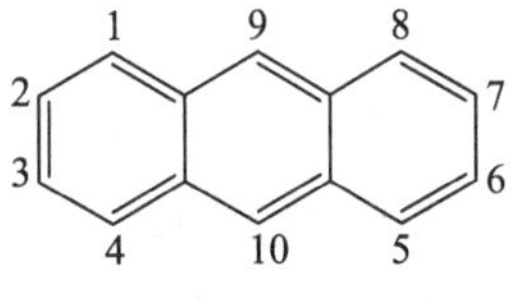

图5-4　蒽的分子结构

材料，必须掌握不同基团或不同取代位置对化合物发光性能的影响规律，例如，哪种基团或哪个取代位置会使化合物发生红移或蓝移，移动的距离有多大等。因此，研究蒽类化合物分子结构与性能的关系是非常重要的。

5.1.2 荧光防伪喷墨印刷油墨的应用现状

在日光下，荧光油墨是无色的，但在紫外光源的照射下，其可发出彩色光。利用荧光油墨的这种特性，荧光油墨可采用加色法成像（经常应用在 LED 液晶显示屏、电视机、手机屏幕、数码相机、多媒体投影仪和扫描仪等产品的显示技术上）的原理，即利用油墨中荧光材料所发出的红（R）、绿（G）、蓝（B）三原色色光按一定比例混合形成彩色图像。

紫外荧光油墨因其特殊的高防伪性能已在钞票、护照、邮票、发票和药品包装等印刷品中有所应用，还可应用在壁纸、舞台背景、户外广告上，呈现出特殊的艺术效果，如图 5-5 所示。

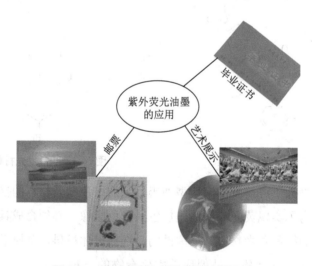

图 5-5　荧光油墨的应用现状（彩图 2）

目前，大部分的紫外荧光油墨主要利用传统印刷方式进行印刷，国内还未见与喷墨印刷方式相结合的报道，只有日本 TRICK PRINT 公司报道了其所研发的可实现加色法成像的宽幅喷绘机，已在安全防伪、室内装潢、舞台背景等领域有所应用，如图 5-6 所示，引起了全世界相关设备制造、油墨研发的科研机构和企业的关注。要利用加色法成像的喷墨印刷设备获得色彩饱和度高、更鲜艳的彩色图像就必须使用可发出色相纯正及高强度的红、绿、蓝三原色荧光的荧光喷墨油墨，但是目前国内有关荧光油墨的报道基本是采用胶印、丝印和凹印等减色法成像的传统印刷方式，工艺过程较为复杂并且油墨性能的问题经常引起印刷故障。杨寅[22]等人制备了紫外荧光防伪胶印油墨并对其性能进行了相关研究；邵魁武[23]等人制备了一种稀土类有机配合物并将其应用在丝印油墨中；魏俊青[24]等人制备了稀土铕配合物并将其应用在凸版印刷油墨中。荧光喷墨油墨在国外已有相关报道，但是适用于加色法成像的荧光喷墨油墨仅日本 TRICK PRINT 公司有相关产品出现。Narita[25]等人提出一种荧光成像方法，可以通过喷墨方式自由调节两种或更多种荧光油墨混合，形成高耐摩擦性的荧光全彩色图像；名取裕二[26]等人研究了一种喷墨用荧光油墨以及油墨制备方法；Coyle[27]等人提出一种用喷墨印刷方式印刷不可见的荧光彩色图像，进一步提高防伪效果。

图 5-6　日本 TRICK PRINT 公司印刷品（彩图 3）

　　综上所述，荧光油墨在印刷领域已经广泛使用，虽然荧光喷墨油墨在国外已有报道，但国内目前还没有相关文献报道及国产产品应用，国外也仅日本 TRICK PRINT 公司有相关产品出现，该公司的加色法成像宽幅喷绘机将加快市场对三色荧光喷墨油墨的需求，在未来的国内外市场上都具有很大的潜力，因此，开发适用于加色法成像的荧光喷墨油墨对扩展荧光油墨的应用领域，改变花费大量外汇购买国外油墨的现状，推动我国荧光喷墨防伪技术的进一步发展有十分重要的意义。

5.2 荧光防伪喷墨印刷油墨的呈色剂

普通油墨中所使用的呈色剂包括颜料和染料两种。一般颜料粒子呈颗粒状态分散在油墨体系中，直径从几百纳米到几十微米，并可以借助胶体附着在物体表面，而染料一般溶解于油墨体系中，以分子状态呈现，可使物体的内部着色[28,29]。油墨的着色力、色相、饱和度以及耐性，大多由呈色剂所决定，而油墨的颗粒度、遮盖力以及密度也与呈色剂有很大关系。

紫外荧光喷墨油墨不同于普通油墨，其选择具有荧光性能的功能性色料，即荧光材料。荧光材料可分为无机和有机两种，其中，无机荧光材料的代表为稀土类发光材料，其优点是对紫外光子的吸收能力较强，转换率较高，配合物中心离子的窄带发射有利于全彩色显示，并且性能稳定[30,31]，但稀土属于稀有产品，往往需要在高温下进行加工，耗能较大；有机化合物凭借灵活的分子设计、种类繁多、易修饰和色纯度高等优点，已经越来越受到人们的重视。有机荧光材料的荧光发射光谱和强度主要与分子结构相关，荧光分子一般都含有可发射荧光的活性基团（称为荧光团），如 -CH=CH-，-CO-，-CH=N- 等基团，以及能改变吸收波长并提高荧光强度的助色团，如 $-NH_2$，-OR，-NHR，-NHCOR 等基团[32,33]。根据分子结构的不同可将有机荧光材料分为有机小分子、有机高分子和有机配合物荧光材料三种。其中，有机小分子荧光材料具有高量子效率和分子易修饰性等优点，这吸引了很多科研工作者做了大量相关研究工作，目前着重于研发多环芳烃类（polycyclic aromatic hydrocarbons）发光材料，如蒽[34,35]、芘[36]、苯并咪唑[37]、荧蒽[38]、咔唑[39] 等。

无机荧光材料一般不溶于油墨体系，一般应用在传统印刷中，而喷墨油墨对颜料的粒径及分散稳定性要求较高，否则会造成喷墨不畅等故障，因此，一般选择具有较好溶解性的有机小分子荧光材料，使其可作为荧光染料溶于喷墨油墨体系中，避免因粒径过大或分散不稳定而带来堵塞喷头的印刷故障，而且优选可发出色相纯正及高强度的红（620～770nm）、绿（500～530nm）、蓝（430～470nm）

色光的染料，如图 5-7 所示。

图 5-7　荧光染料（彩图 4）

5.2.1　荧光材料

1. 有机小分子材料

目前，有机发光材料主要应用在 OLED 上，包括有机小分子和聚合物两大类，OLED 具有主动发光（高发光效率和亮度）、响应速度快、轻薄、低功耗、无辐射和可实现柔性显示等诸多优点，在通信、信息、显示、照明和新型全彩平板显示（Full-Color Flat-Panel Displays）等高科技领域，显现出巨大的商业应用前景[40-43]。与液晶显示屏（LCD）和等离子显示板（PDP）相比，OLED 是具有更好发展前景的一种超薄低功耗平板显示器，已经引起科研机构和制造企业的广泛关注，成为显示领域的新宠，图 5-8 和 5-9 所示分别为韩国三星公司的电视和手机。有机小分子发光材料的特点是易于合成与提纯，其所具有的共轭结构有利于形成自组装的多晶膜。聚合物发光材料具有较好的热稳定性、柔性和可大面积生产等优点，缺点是合成和提纯比较困难。

图 5-8　三星公司的 OLED 电视

图 5-9　三星公司的 OLED 手机

既然有机小分子发光材料拥有众多优点，若能将其应用在印刷领域，如高端防伪印刷、舞台背景、室内设计等方面，不仅可以解决荧光喷墨油墨用发光材料匮乏的问题，还可以拓展有机小分子发光材料的应用领域。

针对目前市场上缺乏应用于荧光喷墨油墨的绿色荧光材料，必须选择合适母体[44-48]材料，通过分子设计引入不同取代基团，改变材料的发光性能，并期望能够以此母体材料为基础合成同体系的红、绿、蓝有机小分子发光材料。以下是几类目前经常使用的母体材料：

（1）二苯乙烯衍生物

含有二苯乙烯（distyrylarylene，DSA）结构单元的芳香族衍生物是较好的蓝光材料之一，其所制作的器件在色纯度、亮度和稳定性等方面的性能都比较优异。例如，典型的 DPVBi 是采用 Wittig-Horner 反应制备而成，为非平面结构，并具有良好的薄膜稳定性，其合成路线如图 5-10 所示。

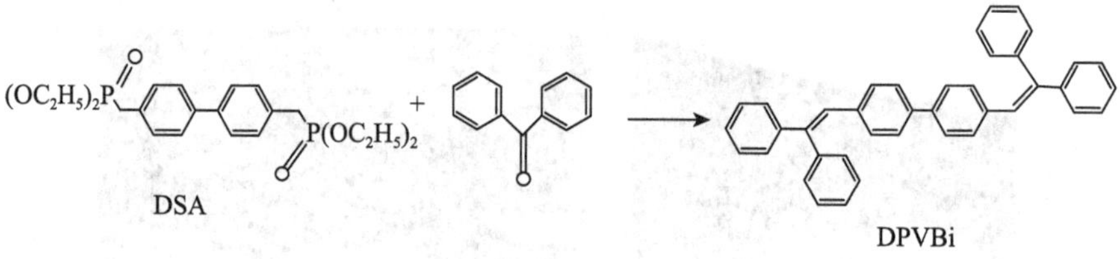

图 5-10　DPVBi 的合成路线

然而，新竹交通大学陈金鑫研究组通过研究后发现，DPVBi 在甲苯中的相对量子效率仅为38%，这样低的效率必然大大降低系统中的 Förster 能量传递效率，使得公开的 DPVBi 分子结构不能成为优越的蓝色主发光材料。直到 2004 年的 SID 会议，eMagin 公司才在报告中揭露了 DPVPA 的结构，以二苯基取代 DPVBi 分子结构中的 biphenyl 核心，由此给大家提供了一个合理线索。针对 DPVPA 与 DPVBi 在蓝色主体发光材料中的潜力比较，发现 DPVPA 在甲苯中的荧光发光峰值为 448nm，且量子效率比 DPVBi 高约 2.6 倍，这是因为延伸结构中的共轭链长使得荧光波长向绿光方向移动了约 20nm。

（2）芘类衍生物

芘具有大环共轭体系和分子易修饰的特点，还具有纯蓝色荧光和长荧光寿命以及高载流子迁移率等优点，可作为母体材料的较好选择[49]。但是也存在一些缺点，比如，在浓溶液或固体状态下，极易形成 π 聚集 / 激基缔合物，致使荧光猝灭或降低荧光量子效率。因此，近年来，人们做出很大的努力去改进芘的光物理性质，以使其成为优异的发光材料。

针对芘类衍生物的化学研究主要分为两大类：一是控制取代基团的个数。通过单取代或多取代等方法对芘进行化学结构修饰，可获得不同光物理性能的芘类衍生物，进而控制分子的结构和排列。二是选择不同的取代基团。芘本身是给电子的 P 型材料，通过在芘环上引入不同的给电子或吸电子基团可以得到 P 型或 N 型材料，进而可以调控分子的能级，改善其载流子传输能力，实现对分子光电性能的调节[50]。目前，芘类衍生物的研发主要分为四类：小分子、树枝状大分子、寡聚物和聚合物。

（3）芴类衍生物

芴具有特殊的刚性平面结构，其衍生物都表现出独特的光电性能，主要应用在光电材料、太阳能电池、生物医药等多个领域，芴类化合物的结构特点主要表现在以下几个方面：①具有易结构修饰性，可引入多种基团；②芴环是特殊的联苯结构，具有较高的热稳定性；③分子内具有较大的共轭吸收波长；④芴本身是煤焦油的分离产品之一，产量大且价格低。

随着人们对芴类衍生物的研究逐渐深入，许多学者认为其是最有希望快速商业化的蓝色发光材料之一[51]，虽然芴具有较大的能带间隙和高的荧光量子效率，但是其电子亲合性较差，并且聚芴的溶解性也有限，这对于研发芴类衍生物也是一大挑战。

2. 蒽类有机小分子材料

蒽是稠环芳香化合物的一种，具有大共轭 π 键，其拥有良好的热稳定性、深蓝色荧光性质、高量子产率及较好的溶解性，广泛应用于 OLED、荧光探针等方面的研究。在 20 世纪 60 年代，Pope 教授[52] 首次发现蒽晶体可以在几百伏高压下呈现出微弱的蓝光，虽然当时条件有限，不能有效控制所需要的高电压环境且无法制备较薄单晶，因此电压转化效率低下，观察到的蓝光极其微弱，难以让人们进行更进一步的研究，但是自此打开了有机发光材料研究的大门。1982 年，外国科学家将蒽制成 50nm 的薄膜片，并在 30V 电压下观察到蒽的蓝光，然而蒽晶体较差的硬度导致电流击穿薄膜，仍然无法有效测定。1987 年，柯达公司的 C.W. Tang 和 Vanslyke 采用芳香二胺作为空穴传输层材料，镁银合金为阴极，8-(Alq3) 作为电子传输层和发光层材料，在 10V 的驱动电压下，可发射出绿色荧光，至此，蒽类发光材料终于上升到了能够研究的领域。Huang 等人合成了在 9- 和 10- 位上，二取代的蒽类衍生物 MNBPA 和 MBPNA，其分子结构式如图 5-11 所示，两种化合物是同分异构体，可发出蓝光，玻璃化转变温度分别为 132.54℃ 和 133.84℃。另外，他们用这两种异构体分别作为主体材料而制作出一系列高效而稳定的器件，并且在 20mA/cm² 的纯蓝色非掺杂体系装置中得到 MNBPA 和 MBPNA 的 CIE（x，y）分别为（0.164，0.156）和（0.162，0.160）。2002 年，柯达公司公布了基于 9,10- 二 -(2- 萘基) 蒽（ADN）的主体而制作的 OLED 器件，获得了发光性能较好的蓝光，但这种发光材料的热稳定性较差。

蒽分子在高浓度（> 10^{-4}mol/L）的溶液或固体状态下，易形成双分子激基复合物，从而降低荧光量子效率，极大地限制了蒽作为发光材料在光电器件中的应用[53]。此外，蒽环上 9- 和 10- 位的化学活性较高，可以通过在这两个位置上引入共轭基团，改变整个分子的平面型结构同时保证较高的荧光量子效率。因此，对蒽环加以修饰，制备以蒽为母体的高性能发光材料，逐渐成为研究热点[54,55]。

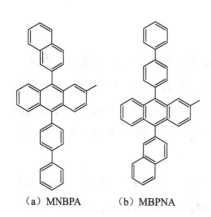

（a）MNBPA　　（b）MBPNA

图 5-11　MNBPA 和 MBPNA 的
分子结构式

5.2.2 发光机理

有机分子吸收能量后可从基态去到不稳定的激发态，激发态的有机分子就会想方设法地通过某种方式再回到基态，这种方式有很多种，主要就是把吸收的能量释放出去。其中，激子跃迁是最主要的过程[56]。

图 5-12 是有机分子发光能级示意图，也称为经典的 Jablonski 图，单线态、第一和第二电子态分别用 S_0、S_1 和 S_2 来表示，第一和第二三重态分别用 T_1 和 T_2 来表示。垂直线表示状态变化，可以说明光吸收的瞬时状态。整个图描述了有机分子的各种跃迁过程，比如内转换、振动弛豫、系间窜跃、荧光、磷光和外转换等。在室温下，由于热能量不足以构成激发的振动态，大部分较低振动能级的分子都会发生吸收和发射。因为 S_0 和 S_1 的能级区别就是 S_1 太多的热粒子数，所以用光而不是热来引发荧光。

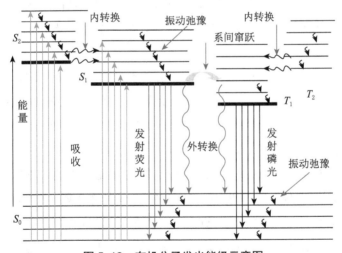

图 5-12 有机分子发光能级示意图

根据光吸收原理，荧光团通常会被激发一些高振动能级[57]，S_1 或 S_2，但也存在一些很少的例外，分子在凝聚态快速放松至 S_1 的较低振动能级，这个过程被称为内转换，一般发生在 10^{-12}s 或更少，因为荧光寿命接近 10^{-8}s，所以内转换先于发射。分子在 S_1 状态下也会经历到第一三重态 T_1 的转变，发出的是磷光。

5.2.3　蒽类荧光材料的合成及表征

为了制备可发出色相纯正及高强度的红、绿、蓝三色光的荧光喷墨油墨，必须筛选出合适的荧光发光材料。目前可用于荧光喷墨油墨的蓝色和红色荧光材料已经市场化，但是已有的绿色荧光材料以稀土类发光材料为主，其不能溶解于油墨体系，且在油墨体系中的分散及分散稳定性也难以达到喷墨油墨的要求，因此，合成绿色荧光材料是制备三色荧光喷墨油墨用于彩色成像的关键。有机小分子材料具有优异的溶解性和高量子效率，适用于喷墨油墨，其中最重要的是选择母体材料。

蒽拥有良好的热稳定性、深蓝色荧光性质、高量子产率及优异的溶解性，是作为母体材料的较好选择。但是蒽的 π 键堆积和易结晶化，导致蒽不适合直接作为发光材料，可以通过蒽的化学修饰来抑制消极的 π-π 堆积，在蒽环上引入合适的取代基团是一个非常有效的方法，通过引入不同取代基团改变蒽类化合物的 π 键共轭度，从而改变蒽类化合物的发光性能，由蓝光移向绿光而最终获得绿色荧光材料。

许多研究者在蒽环的 9- 和 10- 位上引入不同功能的取代基团，进而研究其光物理性能。Mallesham[58] 等人研发了一系列基于蒽 - 恶二唑的衍生物，主要是通过在蒽环上的 9- 位上引入不同的基团。这些衍生物可以发出蓝色的荧光，并具有较低的能带间隙（E_{gap}=3.48 ～ 3.51eV）、较好的热稳定性（T_d=364℃）和高量子效率（Φ_f=0.61 ～ 0.98）。蒽类衍生物的性能可以通过增加 π 键共轭度来改善。Kim[59] 等人合成了 9,10- 二 (3′,5′- 二苯基苯) 蒽（MAM）和 9,10- 二 (3″,5″- 二苯基联苯 -4′ 基) 蒽（TAT），二者都可以发出深蓝色荧光，并相对于蒽 - 恶二唑类衍生物，可表现出更高的量子效率、玻璃化转变温度（150℃）和大的荧光发射红移。另外，Yu[60] 等人在 N- 二芳基环上的间位和对位上引入甲基取代基团，合成了一系列 N- 二芳基 - 蒽 -9,10- 二元胺衍生物，表现出比蒽 - 恶二唑类衍生物更低的能带间隙（E_{gap}=2.36 ～ 2.46eV）。He[61] 等人合成并研究了四个 9,10- 二苯乙烯蒽衍生物（DSA）的晶体结构和光物理性能，四个 DSA 衍生物都显示出完美的热稳定性（T_m=264 ～ 288℃，T_d=300 ～ 329℃）和绿色荧光（λ_{max}PL=525 ～ 537nm）。

因此，蒽类衍生物的发光性能与分子结构之间有一定的规律[62]，掌握此规律有助于通过化学修饰对蒽类衍生物的光物理性能进行改善，进而获得理想发光波长的化合物。

1. 实验部分

（1）实验材料和仪器

实验材料和仪器分别如表 5-1、表 5-2 所示。

表 5-1　实验材料列表

序号	药品名	分子式	纯度	生产厂家
1	甲苯	$C_6H_5CH_3$	A.R.	北京化学试剂厂
2	二氯甲烷	CH_2Cl_2	A.R./S.P.	北京化学试剂厂
3	乙醇	C_2H_5OH	A.R.	北京化学试剂厂
4	丙酮	CH_3COCH_3	A.R.	北京化学试剂厂
5	N,N- 二甲基甲酰胺	$HCON(CH_3)_2$	S.P.	北京化学试剂厂
6	蒸馏水	H_2O		自制
7	四氢呋喃	C_4H_8O	S.P.	北京国药
8	环己烷	C_6H_{12}	S.P.	北京国药
9	乙腈	CH_3CN	S.P.	北京国药
10	1,4- 二氧六环	$C_4H_8O_2$	S.P.	北京国药
11	9- 溴蒽	$C_{14}H_9Br$	98%	北京国药
12	9,10- 二溴蒽	$C_{14}H_8Br_2$	98%	北京国药
13	4- 甲氧基苯硼酸	$C_7H_9BO_3$	98%	北京国药
14	4- 醛基苯硼酸	$C_7H_7BO_3$	98%	北京国药
15	三苯基膦钯	$Pd(PPh_3)_4$	98%	阿拉丁试剂公司
16	双三苯基磷二氯化钯	$PdCl_2(PPh_3)_2$	98%	阿拉丁试剂公司
17	三苯基磷	PPh_3	98%	阿拉丁试剂公司
18	碳酸钾	K_2CO_3	98%	北京国药
19	氯化钠	$NaCl$	98%	北京国药
20	无水硫酸镁	$MgSO_4$	98%	北京国药

表 5-2　实验仪器列表

序号	仪器名称	型号	产地
1	旋转真空蒸发仪	Laborota 4001	德国 Heidoph
2	加热磁力搅拌器	DF-101S	中国郑州
3	三用紫外灯	ZF-2	上海
4	分析天平	AUW120D	日本 Shimadzu
5	核磁共振仪	BRUKER-400	德国 BRUKER
6	EI- 低分辨质谱仪	DSQ	美国 Thermo
7	紫外可见分光光度计	UV-2501PC	日本 Shimadzu
8	荧光分光光度计	RF-5301PC	日本 Shimadzu
9	热重分析仪	TG 209C	德国 NETZSCH
10	差示扫描量热仪	DSC-200PC	德国 NETZSCH
11	全功能型瞬态荧光光谱仪	Edinburgh FL920	英国

（2）实验方法

分析测试方法如表 5-3 所示。

表 5-3　测试方法

序号	项目	测试仪器	测试条件
1	$^1H/^{13}C$ NMR 分析	Bruker-400 核磁仪	氘代 DMSO 为溶剂，TMS 为内标
2	元素分析	Yanaco MT-5 元素分析仪	—
3	质谱	Bruker（MALDI-TOF/TOF）高分辨质谱仪	—
4	DSC 分析	NETZSCH DSC-200PC 差示扫描量热仪	氮气气氛，扫描速度为 10℃ /min，氮气流量为 10ml/min
5	TG 分析	NETZSCH-TG 209C 热重分析仪	升温速率为 10℃ /min，氮气氛围，保护气 10ml/min，吹扫气 10ml/min
6	紫外吸收光谱	Shimadzu-UV-2501PC 紫外 - 可见分光光度计	—
7	荧光光谱	Shimadzu-RF-5301PC 荧光分光光度计	—
8	荧光寿命	Edinburgh FL920 全功能型瞬态荧光光谱仪	—
9	HOMO 和 LUMO 能级	VoltaLab PGZ402 电化学分析仪	—

（3）目标化合物的合成方法

图 5-13 和图 5-14 为蒽类衍生物的合成路线，其中，化合物 1 由 9- 溴蒽和芳基硼酸通过 Suzuki 偶联反应[63] 获得，产率较高，相应地，当取代基团为 -OMe 和 -CHO 时，分别获得化合物 9-(4- 甲氧基苯基) 蒽 (1a) 和 9-(4- 醛基苯基) 蒽 (1b)；化合物 2 和 3 分别由 9,10- 溴蒽和苯乙炔取代基团通过 Sonogashira 偶联反应[64] 获得，产率为 26% ～ 65%，由于取代基团的不同，化合物 2a 为 9-(苯乙炔基) 蒽，2b 为 9-[(4- 甲氧基苯基) 乙炔基] 蒽，3a 为 9,10- 二取代 -(苯乙炔基) 蒽，3b 为 9,10- 二取代 -[(4- 甲氧基苯基) 乙炔基] 蒽。

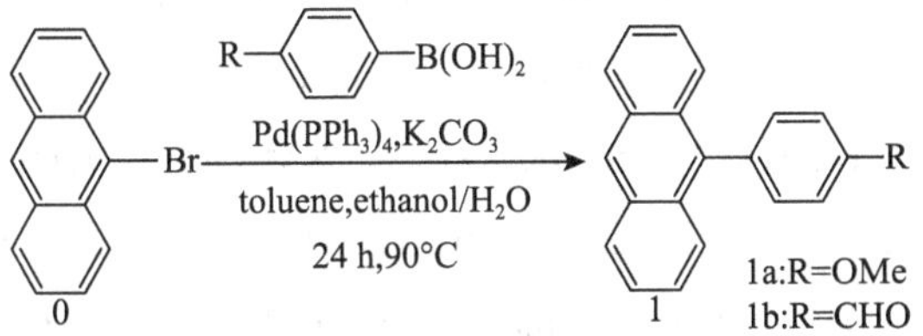

图 5-13　单取代蒽类衍生物 1 的 Suzuki 偶联反应

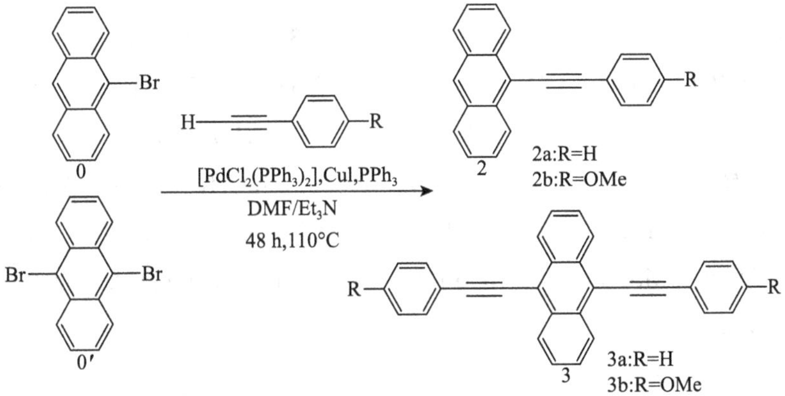

图 5-14　蒽类衍生物 2 和 3 的 Sonogashira 偶联反应

主要包括以下 6 种目标化合物的合成方法。

① 9-(4- 甲氧基苯基) 蒽 (1a) 的合成

由 9- 溴蒽（500mg，1.5mmol）、4- 甲氧基苯硼酸（444mg，2.25mmol）、K_2CO_3（200mg，1.45mmol）、甲苯（30mL）、乙醇和水的混合溶剂 [10mL，V (ethanol)：V (H_2O) =1：1] 和三苯基膦钯（45mg，0.03mmol）组成的混合物

在氩气保护下从室温升温至 90℃，并搅拌 24h。反应结束后，冷却至室温，加入去离子水，分离出有机相，水相用二氯甲烷萃取三次（V$_{二氯甲烷}$=3×100mL），合并有机相，分别用去离子水和饱和食盐水洗涤 2 次，无水硫酸镁干燥，旋蒸、浓缩产物，过滤，获得黄色固体（500mg），所得固体经 200～300 目硅胶柱层析分离提纯。用 V（石油醚）∶V（二氯甲烷）=10∶1 作为淋洗液，脱溶剂得产物，再经二氯甲烷和三氯甲烷重结晶得白色粉末状样品 1a 350mg，产率 73%，熔点 173℃。

^{1}H NMR (400MHz, CDCl$_3$): δ_H = 3.89 (s, 3H, OMe), 7.18 (d, J = 3.4Hz, 2H, Ar-H), 7.36 (d, J = 8.8Hz, 2H, Ar-H), 7.44 (m, 2H, Antracene-H), 7.50 (t, 2H, Antracene-H), 7.58 (d, J = 9.6Hz, 2H, Antracene-H), 8.39 (d, J = 10Hz, 2H, Antracene-H), 8.635 (s, 1H, Antracene-H); ^{13}C NMR (100MHz, CDCl$_3$): δ = 159.2, 136.7, 132.4, 131.4, 130.3, 130.2, 128.8, 126.7, 126.6, 126.1, 125.7, 114.5, 55.7ppm. MS: m/z: 284.1192 [M]$^+$. C$_{21}$H$_{16}$O (284.12): calcd. C 88.70, H 5.67; found C 88.81, H 5.50.

② 9-(4- 醛基苯基) 蒽 (1b) 的合成

化合物 1b 的合成步骤与 1a 相似，9-(4- 醛基苯基) 蒽 (1b) 是浅黄色粉末（由二氯甲烷和三氯甲烷重结晶得到 365mg，产率 63%），熔点 160℃。

^{1}H NMR (400MHz, CDCl$_3$): δ_H = 7.41-7.53 (m, 4H, Ar-H), 7.56 (m, J = 7.5Hz, 2H, Antracene-H), 7.70-7.78 (m, J = 8.8Hz, 2H, Antracene-H), 8.17 (m,4H, Antracene-H), 8.73 (s, 1H, Antracene-H), 10.19 (s, 1H, CHO-H); ^{13}C NMR (100MHz, CDCl$_3$): δ = 193.4, 145.0, 136.0, 135.4, 132.3, 131.2, 130.2, 129.6, 127.6, 126.7, 126.5, 126.0, 125.9ppm. MS: m/z: 282.1036 [M]$^+$. C$_{21}$H$_{14}$O (282.10): calcd. C 89.34, H 5.00; found C 89.52, H 5.17.

③ 9-(苯乙炔基) 蒽 (2a) 的合成

9- 溴蒽（520mg，1.56mmol）、双三苯基磷二氯化钯（20mg，0.03mmol）、碘化亚铜（20mg，0.1mmol）和三苯基磷（55mg，0.2mmol）在氩气保护下溶于三乙胺（10mL）和 DMF（10mL）的混合溶剂中，并且这个混合物在 0℃下被搅拌 15min，接着加入苯乙炔（250mg，1.89mmol）升温至 110℃后继续搅拌 48h。反应结束后，冷却至室温，加入去离子水，分离出有机相，水相用二氯甲烷萃取三次（V$_{二氯甲烷}$=3×100mL），合并有机相，分别用去离子水和饱和食盐水洗涤 2 次，无水硫酸镁干燥，旋蒸、浓缩产物，过滤，获得黑色固体（430mg），所得固体经 200～300 目硅胶柱层析分离提纯。用 V（石油醚）：V（二氯甲烷）=10：1 作为淋洗液，脱溶剂得产物，再经二氯甲烷和正己烷重结晶得黄色样品 2a350mg，产率 65%，熔点 104℃。

^{1}H NMR (300MHz, CDCl$_3$): δ_H = 7.53 (m, 3H, Ar-H), 7.590-7.739 (m, 2H, Ar-H), 7.72 (m, 2H, Antracene-H), 7.86 (t, J = 6Hz, 2H, Antracene-H), 8.09 (d, 2H, Antracene-H), 8.16 (d, J = 11.2Hz, 2H, Antracene-H), 8.58 (d, J = 11.2Hz, 2H, Antracene-H), 8.71 (s, 1H, Antracene-H) ppm; ^{13}C NMR (100MHz, CDCl$_3$): δ_C = 132.3, 132.0, 131.7, 131.2, 129.6, 129.3, 128.7, 128.5, 128.0, 126.5, 126.4, 126.0, 123.0, 116.3, 101.2, 86.2ppm. MS: m/z: 278.1093 [M]$^+$. C$_{22}$H$_{14}$ (278.11): calcd. C 94.93, H 5.07; found C 94.82, H 5.18.

④ 9-[(4- 甲氧基苯基) 乙炔基] 蒽 (2b) 的合成

化合物 2b 的合成步骤与 2a 相似，9-[(4- 甲氧基苯基) 乙炔基] 蒽 (2b) 是黄色固体（通过二氯甲烷和正己烷重结晶，获得 360mg，产率 57%），熔点为 127℃。

^{1}H NMR (300MHz, CDCl$_3$): δ_H = 3.84 (s, 3H, OMe), 7.08 (d, J = 11.2Hz, 2H, Ar-H), 7.60 (t, J = 2.4Hz, 2H, Antracene-H), 7.69 (t, J = 2.4Hz, 2H, Antracene-H), 7.79 (d, J = 11.2Hz, 2H, Ar-H), 8.16 (d, J = 11.2Hz, 2H, Antracene-H), 8.58 (d, J = 11.2Hz, 2H, Antracene-H), 8.66 (s, 1H, Antracene-H) ppm; ^{13}C NMR (100MHz, CDCl$_3$): δ_C = 160.3, 133.7, 132.1, 131.2, 129.3, 128.1, 127.7, 126.5, 126.4, 116.9, 115.0, 114.9, 101.5, 85.0, 55.8ppm. MS: m/z: 308.1192 [M]$^+$. C$_{23}$H$_{17}$O (308.12): calcd. C 89.58, H 5.23; found C 89.41, H 5.10.

⑤ 9,10- 二取代 -(苯乙炔基) 蒽 (3a) 的合成

9,10- 溴蒽（500mg，1.50mmol）、双三苯基磷二氯化钯（20mg，0.03mmol）、碘化亚铜（20mg，0.1mmol）和三苯基磷（55mg，0.2mmol）在氩气保护下溶于三乙胺（10mL）和 DMF（10mL）的混合溶剂中，并且这个混合物在 0℃ 下被搅拌 15min，接着加入苯乙炔（380mg，2.87mmol）升温至 110℃ 后继续搅拌 48h。反应结束后，冷却至室温，加入去离子水，分离出有机相，水相用二氯甲烷萃取三次（V$_{二氯甲烷}$=3×100mL），合并有机相，分别用去离子水和饱和食盐水洗涤 2 次，无水硫酸镁干燥，旋蒸、浓缩产物，过滤，获得黑色固体（543mg），所得固体

经 200 ～ 300 目硅胶柱层析分离提纯。用 V（石油醚）：V（二氯甲烷）=2：1 作为淋洗液，脱溶剂得产物，再经二氯甲烷和正己烷重结晶得深红色固体样品 3a 258mg，产率 46%，熔点 257℃。

^{1}H NMR (300MHz, CDCl$_3$): δ_H = 7.54 (m, 6H, Ar–H), 7.79-7.82 (m, 4H, Ar–H), 7.90 (d, J = 12.8Hz, 4H, Antracene–H), 8.70ppm (d, J = 10.2Hz, 4H, Antracene–H);^{13}C NMR (100MHz, CDCl$_3$): δ_C = 132.2, 131.8, 129.4, 128.3, 127.3, 118.0ppm. MS: m/z: 378.1407 [M]$^+$. C$_{30}$H$_{18}$ (378.14): calcd. C 95.21, H 4.79; found C 95.33, H 4.67.

⑥ 9,10- 二取代 -[(4- 甲氧基苯基) 乙炔基] 蒽 (3b) 的合成

化合物 3b 的合成步骤与 3a 相似，9,10- 二取代 -[(4- 甲氧基苯基) 乙炔基] 蒽 (3b) 为橙红色固体（通过二氯甲烷和正己烷重结晶，获得 180mg，产率 26%），熔点为 247℃。

^{1}H NMR (300MHz, CDCl$_3$):δ_H = 3.91 (s, 6H, OMe–H), 7.21 (d, J = 10.8Hz, 4H, Ar–H), 7.36 (d, J = 12Hz, 4H, Ar–H), 7.40 (d, J = 14.4Hz, 4H, Antracene–H), 7.62ppm (d, J = 12Hz, 4H, Antracene–H);^{13}C NMR (100MHz, CDCl$_3$): δ_C = 159.2, 136.7, 132.5, 130.5, 130.1, 127.0, 125.8, 114.6, 79.9, 79.4, 79.0, 55.7ppm. MS: m/z: 438.1617 [M]$^+$. C$_{32}$H$_{22}$O$_2$ (438.16): calcd. C 87.65, H 5.06; found C 87.54, H 5.19.

2. 结构表征与性能分析

（1）化合物的热性能

发光材料的高熔点和相对高的分解温度是制备长寿命荧光材料所必需的性能，因此分别用热重分析（TG）和差热扫描量热分析（DSC）对所得发光材料的热性能进行了研究。样品预先在 40℃真空干燥 12h，TG 和 DSC 实验均在 N$_2$ 气氛下进行，热重分析升温速率为 10℃ /min，差热扫描量热分析升温速率为 10℃ /min，TG 测试的温度范围为室温到 550℃，DSC 测试的温度范围为 30 ～ 250℃。结果如图 5-15 和表 5-4 所示，其中分解温度 T_d 取值为失重在 5% 时。

TGA 数据（图 5-15a）说明 6 种蒽类衍生物都表现出较好的热稳定性，分解温度 T_d 分别为 1a 为 247℃、1b 为 221℃、2a 为 223℃、2b 为 270℃、3a 为 477℃、3b 为 484℃。可以看出，T_d 随着分子大小或取代基团数目的增加而增大，可得出化合物 T_d 的顺序为 1 ＜ 2 ＜ 3，这也说明了蒽类衍生物的热稳定性能够通过在 9- 和 10- 位上的双取代而被有效地改善。并且，对于单取代的蒽类

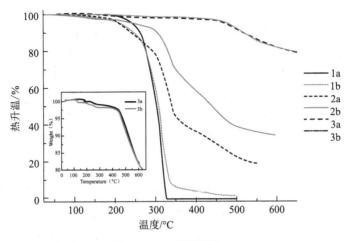

（a）TGA 测试曲线

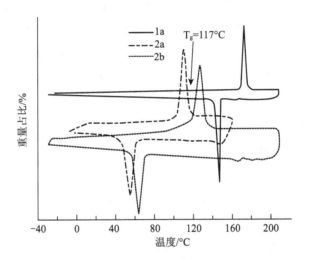

（b）DSC 测试曲线

图 5-15　化合物 1，2 和 3 的 TGA 和 DSC 测试曲线（彩图 5）

表 5-4　化合物 1，2 和 3 的光物理性能和热性能

Comds.	$\lambda_{max}abs^a$ (nm)	$\lambda_{max}FL^a$ (nm)	Stokes shift^a (nm)	Φ_f^b	τ^b (ns)	T_g^c (℃)	T_m^c (℃)	T_d^d (℃)
1a	349,367,387	407,428（369）	61	0.41	4.59	117	173	247
1b	349,367,387	480（387）	113	0.20	3.10	—	160	221
2a	399,420	431,455（424）	32	0.54	4.77	—	104	223
2b	404,424	438,461（428）	34	0.75	4.26	127	270

Comds.	$\lambda_{max}abs^a$ (nm)	$\lambda_{max}FL^a$ (nm)	Stokes shift^a (nm)	$\varPhi_f^b$	τ^b (ns)	T_g^c (℃)	T_m^c (℃)	T_d^d (℃)
3a	438,463	482,506（469）	19	0.59	3.57	—	257	477
3b	449,472	490（470）	18	0.57	2.61	154	247	484

注：^{a}最大吸收波长，测试条件：溶剂：二氯甲烷，浓度：$10^{-5} \sim 10^{-6}$M，温度：25℃；^{b}量子产率，测试条件：溶剂：二氯甲烷，以溶于硫酸的硫酸奎宁（$\varPhi$=0.55）为参照标准；T_g^c 和 T_m^c，通过 DSC 仪器测出；T_d^d，通过 TGA 仪器测出。

衍生物，具有甲氧基基团的化合物 1a 和 2b 分别相比于化合物 1b 和 2a 表现出更好的热稳定性。随着温度继续升高，超过分解温度 T_d 后，这些化合物的行为有明显不同，用碳化后残余物占化合物原始重量的比例，即残炭率来表示最终的失重结果，其中化合物 1 的残炭率接近 0，2a 为 19%，2b 为 34%，3a 为 78%，3b 为 82%，化合物 3 明显大于化合物 2 和 1，而化合物 1 最少，基本为 0。另外，除了化合物 1a 和 3b，其他化合物都没有被观察到玻璃化转变温度 T_g（见图 5-15b），1a 的玻璃化转变温度为 117℃，3b 的则为 154℃。这些化合物熔点的范围为 104 ～ 257℃。

在其他蒽类衍生物中也观察到相似的规律，例如，9,10- 二取代 -(9- 乙基 -9 氢 - 咔唑 -3- 基) 蒽 (Cz3An) 的分解温度为 448℃，9- 蒽 - 恶二唑衍生物的分解温度为 364℃，在蒽环上双取代的化合物比单取代的热稳定性更好。因此，取代位置和取代基团较大地影响蒽类衍生物的热性能。

（2）化合物的晶体结构

通过晶体形成培养，化合物 1a 和 3a 由石油醚和二氯甲烷（V$_{石油醚}$：V$_{二氯甲烷}$= 1：1）的混合物形成单晶结构，经 X- 射线单晶衍射分析可以对化合物 1a 和 3a 的晶体结构进行表征，并研究了不同取代位置和取代基团对化合物分子结构的影响。晶体学数据如表 5-5 所示，ORTEP 结构如图 5-16 所示。

表 5-5　1a 和 3a 的晶体学数据摘要

Complex	1a	3a
化学式	$C_{21}H_{16}O$	$C_{30}H_{18}$
分子量	284.34	378.44

Complex	1a	3a
晶体系	单斜	单斜
空间群	P2₁/n	C2/c
棱边长度 a[Å]	12.28(5)	22.835(15)
棱边长度 b[Å]	9.30(4)	5.349(4)
棱边长度 c[Å]	14.03(5)	16.916(12)
棱间夹角 α[°]	—	—
棱间夹角 β[°]	90.71(3)	99.876(18)
棱间夹角 γ[°]	—	—
体积 [Å³]	1601(10)	2035(2)
单细胞分子个数	4	4
单胞密度 [Mg/m³]	1.179	1.235
密度 [K]	293(2)	296(2)

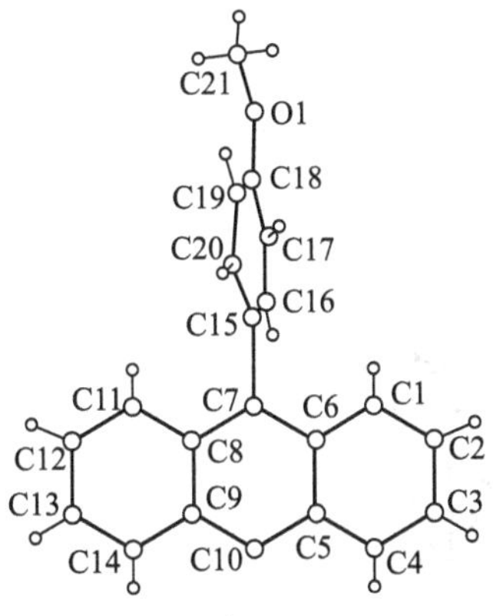

图 5-16　化合物 1a 和 3a 的 ORTEP 结构图

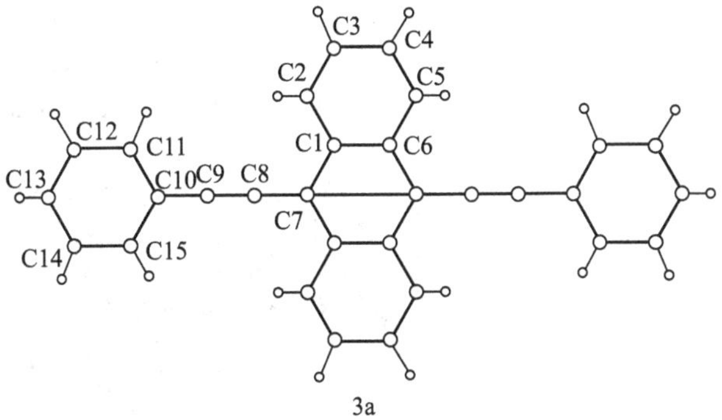

化合物 1a 和 3a 都为单斜晶系晶体结构，但属于不同的空间群（1a 为 P2₁/n，3a 为 C2/c）。在化合物 1a 的晶体中，p- 甲氧基苯基的终端部分采取了一个合理的扭曲构象，相对于蒽核的双面角（扭曲角度）为 76.9°。相比之下，化合物 3a 的整个分子在中心的蒽环和终端的 p- 苯乙炔基团之间采取了一个几乎共面的结构，这说明了终端取代基团在安排固体堆积时起着非常重要的作用。而且，实

验室晶体数据中的扭曲角度接近于理论计算的结果。

化合物 1a 的堆积结构如图 5-17 所示，化合物 1a 显示出非共价相互作用 C-H...π(C19-H19...C10)，蒽的终端基团 *p*- 甲氧基苯基与另一个蒽环之间的距离 为 2.87Å。在晶体结构的堆积中，没有观察到明显的 π-π 堆积相互作用，化合物 1a 的分子结构由微弱的相互作用连接。

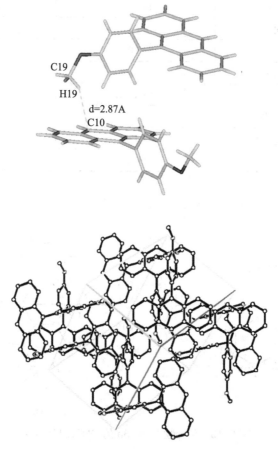

图 5-17　化合物 1a 的堆积结构

化合物 3a 的堆积结构如图 5-18 所示，化合物 3a 显示出一个轻微的"排架" 结构。像之前所提到的，蒽单元的一部分形成强烈的共平面的 π-π 堆积相互作用， 距离为 3.67Å；分子堆积成一个"人字形"图案，如图 5-18（c）所示。

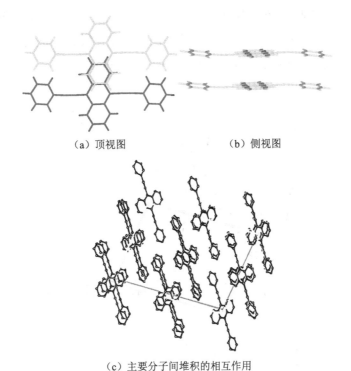

（a）顶视图   （b）侧视图

（c）主要分子间堆积的相互作用

图 5-18 化合物 3a 的堆积结构

（3）化合物的光物理性能

在室温下，用二氯甲烷做溶剂，配成浓度为 $10^{-5} \sim 10^{-6}$M 的溶液，分别测定化合物 1，2 和 3 在溶液状态下的紫外吸收光谱和荧光光谱，研究其光物理性能，如图 5-19 所示。

在紫外可见吸收光谱图 5-19（a）中，可以明显地看出，化合物 1、2 和 3 的吸收光谱可以分为三个相似结构的部分，即 1a 和 1b，2a 和 2b 以及 3a 和 3b。化合物 1 在 350 ～ 400nm 波段中展现出"三指峰"，而且吸收峰峰形相似，化合物 2 的吸收峰简化为两个宽峰，化合物 3 相比于化合物 2 显示出两个更宽的峰。这种规律的光物理性能变化的形成原因是化合物 1，2 和 3 的 π 键共轭度增大。化合物 2a（主吸收峰值为 399nm）相比于化合物 1a（主吸收峰值为 367nm）发生红移 32nm，这是因为化合物 2a 的苯乙炔基团增大了分子的 π 键共轭度，也说明了取代基团的类型对蒽类衍生物的光物理性能有很大的影响[65]。9,10- 二取代蒽类衍生物 3a（主吸收峰值为 463nm）相比于化合物 1a，显示出一个更大的红移 96nm，表明随着取代基团分子大小的增加，红移也增大。与此类似，化合物 2b 和 3b 相比于化合物 1b 的红移分别为 37nm 和 105nm。

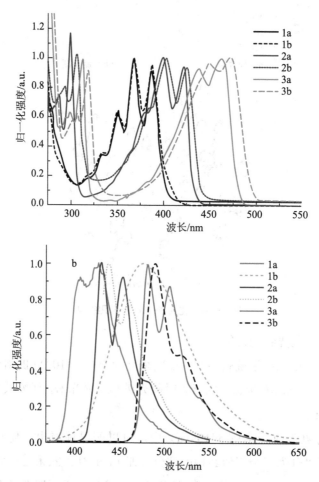

图 5-19　化合物 1、2 和 3 的标准化的紫外可见吸收光谱（a）和荧光光谱（b）（彩图 6）

图 5-19（b）为化合物 1、2 和 3 在室温下二氯甲烷溶液中的荧光光谱谱图，明显地，化合物 1a 显示出蓝色荧光，化合物 2a 和 2b 显示出深蓝色荧光，化合物 3a 和 3b 则显示出绿色荧光，而化合物 1b 显示出浅绿色荧光。化合物 1a 和 1b 在紫外可见吸收光谱中具有相似性，但在荧光光谱中差别却很大，其荧光发射峰值分别为 428nm 和 480nm。化合物 2a 和 2b，3a 和 3b 之间的差别却很小，其荧

光发射峰值如下：2a 是 431nm、2b 是 438nm、3a 是 482nm、3b 是 490nm。尤其是化合物 1b，荧光发射峰值为 480nm，相比于紫外可见吸收的最大峰值 367nm 有 113nm 的较大 Stokes 位移，说明其在基态的电子结构非常不同于激发态，原因为终端的醛基是吸电子基团，可以扩大 π 键共轭长度，减少蒽类衍生物的 HOMO-LUMO 能隙。化合物 2b 和 3b 分别相比于 2a 和 3a 显示出较小的红移，大约为 10nm，表明给电子基团甲氧基对化合物的光物理性能有很小的影响。其他文献也报道过这些相似现象，例如含有吸电子基团的 2-(蒽 -9- 基)-5-[4-(4- 氟苯乙烯基) 苯基]-1,3,4- 恶二唑和 2-(蒽 -9- 基)-5-[4-(4- 硝基苯乙烯基) 苯基]-1,3,4- 恶二唑相比于含有给电子基团的 2-(蒽 -9- 基)-5-[4-(2- 甲氧基苯乙烯基) 苯基]-1,3,4- 恶二唑[66] 呈现出更大红移，另外，含有吸电子基团氧化物的 4-[10-(萘乙酰胺 -2- 基) 蒽 -9- 基] 苯基 (苯基) 甲酮[67] 比其他化合物有更大的红移 93nm。

进一步测试了 6 种化合物的量子效率和荧光寿命，将化合物 1、2 和 3 溶于二氯甲烷，以溶于硫酸的硫酸奎宁（量子产率 Φ=0.55）为参照标准测试并计算出化合物 1、2 和 3 的量子产率（Φ_f），从表 5-4 可以看出，化合物 1、2 和 3 都有较高的量子产率，其范围为 0.20～0.75。通过英国 Edinburgh FL920 全功能型瞬态荧光光谱仪测试了化合物的荧光寿命 τ=2.61～4.77ns，详见表 5-4。化合物 1b 的量子产率最低，这是因为其所含有的吸电子基团 -CHO 在溶液中与溶液形成牢固的氢键，导致分子聚集和荧光强度降低。与此类似，含有强吸电子基团 -NO$_2$ 的化合物 2-(蒽 -9- 基)-5-[4-(4- 硝基苯乙烯基) 苯基]-1,3,4- 恶二唑的量子效率较低，为 Φ_f=0.09，含有吸电子基团氧化物的化合物 4-[10-(萘乙酰胺 -2- 基) 蒽 -9- 基] 苯基 (苯基) 甲酮的量子产率也不高，为 Φ_f=0.32。

（4）溶剂化显色效应

测试了 6 种化合物在不同溶度下的紫外可见吸收光谱和荧光光谱，研究表明：随着溶度的升高，均未见严重的荧光淬灭现象，说明该类化合物在高浓度下能有效地抑制分子间的相互作用。为了进一步调查 6 种化合物在不同溶液中的溶剂效应，选取了环己烷、1,4- 二氧六环、四氢呋喃、二氯甲烷和乙腈共 5 种溶剂，测试 6 种化合物的紫外可见吸收光谱和荧光光谱，获得了一些有意义的实验结果。

如图 5-20、图 5-21、图 5-22、图 5-23、图 5-24、图 5-25 所示，化合物 1、

2 和 3 均具有溶剂化显色效应。溶剂的极性对蒽类衍生物溶液的光谱性质具有显著影响，随着溶剂的极性变大，紫外可见光谱和荧光光谱均逐渐向长波移动。对于含有给电子基团的化合物 1a、2 和 3，荧光发射峰随着溶剂极性的变化有轻微的偏移，大约为 5nm。虽然化合物 1b 的紫外可见吸收光谱在不同的溶剂中非常相似，但是图 5-21（b）表明其荧光发射光谱的溶剂化显色效应非常显著，具有大约 90nm 的较大红移。另外，化合物 1b 的荧光发射光谱表明从非极性溶剂（环

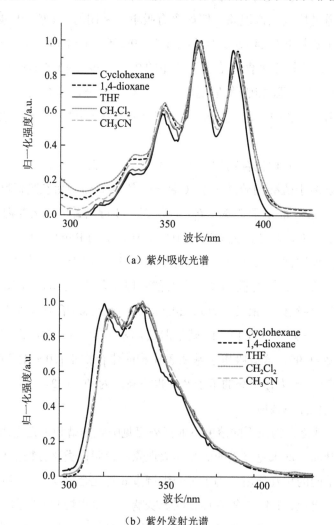

（a）紫外吸收光谱

（b）紫外发射光谱

图 5-20　化合物 1a 在溶剂环己烷、1,4- 二氧六环、四氢呋喃、二氯甲烷和乙腈的紫外吸收和发射光谱（彩图 7）

己烷）到强极性溶剂（乙腈），红移逐渐增加，可能是因为强极性溶剂可以破坏微弱的 C-H…O 的相互作用，而造成分子聚集体的分裂。在非极性溶剂中，π-π 键和 C-H…O 相互作用的协同效应会导致分子聚集[68]。这个溶剂化显色效应是由于溶剂极性的增加而使单线态激发态能量降低[69]。研究表明，取代基的类型可对溶剂化显色效应产生较大的影响。

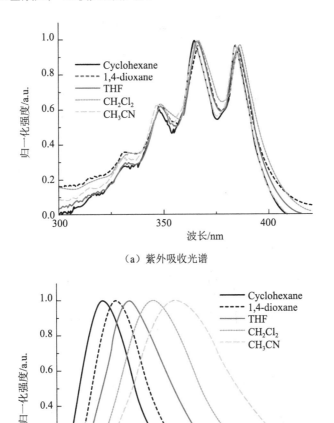

（a）紫外吸收光谱

（b）紫外发射光谱

图 5-21　化合物 1b 在环己烷、1,4- 二氧六环、四氢呋喃、二氯甲烷和乙腈的紫外吸收和
发射光谱（彩图 8）

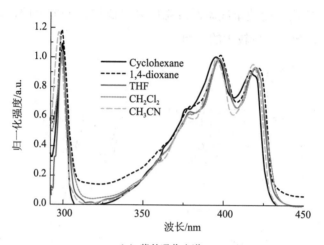

（a）紫外吸收光谱

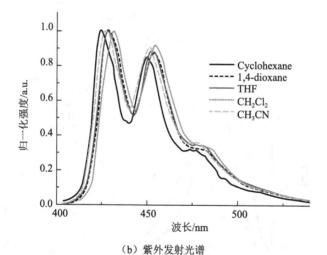

（b）紫外发射光谱

图 5-22　化合物 2a 在环己烷、1,4- 二氧六环、四氢呋喃、二氯甲烷和乙腈的紫外吸收和
发射光谱（彩图 9）

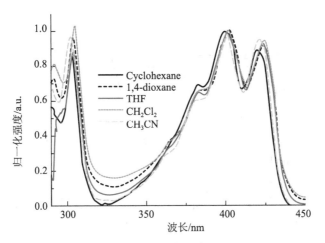

（a）紫外吸收光谱

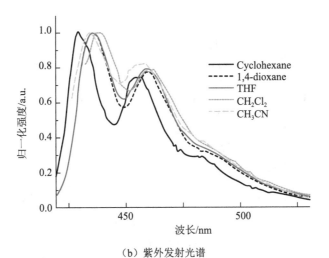

（b）紫外发射光谱

图 5-23　化合物 2b 在环己烷、1,4-二氧六环、四氢呋喃、二氯甲烷和乙腈的紫外吸收和发射光谱（彩图 10）

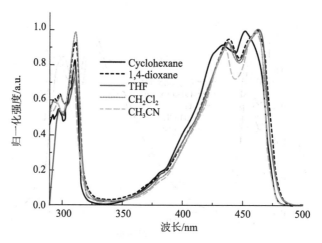

（a）紫外吸收光谱

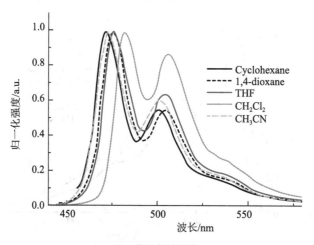

（b）紫外发射光谱

图 5-24　化合物 3a 在环己烷、1,4- 二氧六环、四氢呋喃、二氯甲烷和乙腈的紫外吸收和
发射光谱（彩图 11）

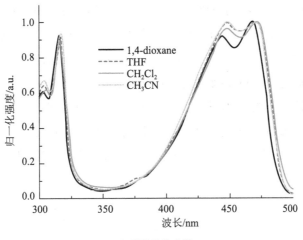

（a）紫外吸收光谱

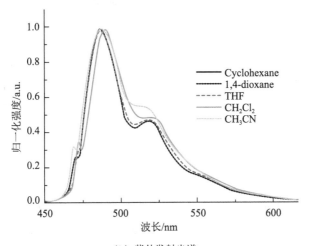

（b）紫外发射光谱

图 5-25　化合物 3b 在环己烷、1,4- 二氧六环、四氢呋喃、二氯甲烷和乙腈的紫外吸收和发射光谱（化合物 3b 不溶于环己烷）（彩图 12）

（5）化合物的电化学性能

化合物的氧化还原特性用循环伏安法（CV）来测定。用 0.10M 的四丁基高氯酸铵（Bu_4NClO_4）做电解质，色谱纯的二氯甲烷溶液作为电解质溶液，工作电极为铂电极，参比电极为 Ag/AgCl 电极,辅助电极为铂丝。将化合物溶于电解质中，在室温下测定其循环伏安特性，扫描速度为 $100mV \cdot s^{-1}$。图 5-26 为化合物的电化学曲线，可以看出，除了化合物 2a 和 3b，其他化合物都有一个可逆的氧化还原过程，说明大部分化合物的电化学性能很稳定。化合物 2a 和 3b 却表现出不可逆的氧化还原峰，其中化合物 3b 的不可逆氧化峰值为 1.20eV，可能是因为其分子共平面，共轭程度变大，电子失去后更容易稳定[70]。化合物 1、2 和 3 的能带间隙 $E_{gap(opt)}$ 可以通过紫外可见吸收光谱的吸收边缘（吸收结束点），即 λ_{edge}，根据公式能量与波长的公式 $E=hc/\lambda$ 计算，其中 h 为普朗克常数，c 为光速。从表 5-6 可以看出，随着 π 键共轭度的增加，能带间隙（$E_{gap(opt)}$=2.52 ～ 3.09eV）降低，顺序为 1 ＞ 2 ＞ 3。明显地，取代基团的类型和数量对能带间隙有着非常重要的影响。

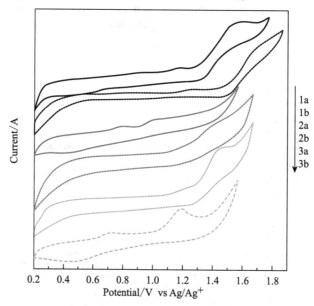

图 5-26　化合物 1、2 和 3 的循环伏安曲线（彩图 13）

表 5-6　化合物 1、2 和 3 的光学和电化学性能

Comds.	λ_{edge}[a](nm)	$E_{onsetox}$[b]	$E_{gap(opt)}$[c] (eV)	$E_{HOMO(CV)}$[d] (eV)	$E_{LUMO(CV)}$[d] (eV)	$E_{HOMO(cal)}$[e] (eV)	$E_{gap(cal)}$[e] (eV)
1a	401	1.33	3.09	−6.13	−3.04	−5.06	3.51
1b	408	1.49	3.04	−6.29	−3.25	−5.36	3.56
2a	431	0.73	2.88	−5.53	−2.65	−5.14	3.29
2b	440	1.25	2.82	−6.05	−3.23	−5.14	3.29

Comds.	λ_{edge} [a] (nm)	$E_{onsetox}$ [b]	$E_{gap(opt)}$ [c] (eV)	$E_{HOMO(CV)}$ [d] (eV)	$E_{LUMO(CV)}$ [d] (eV)	$E_{HOMO(cal)}$ [e] (eV)	$E_{gap(cal)}$ [e] (eV)
3a	479	1.34	2.59	−6.14	−3.55	−5.06	2.99
3b	492	0.66	2.52	−5.46	−2.94	−4.65	2.56

[a] 在二氯甲烷溶液中测试；[b] 由 CV 曲线得出；[c] 通过紫外可见吸收光谱的吸收边缘 λ_{edge} 计算得出；[d] 通过经验公式 HOMO=−($E_{onsetox}$+4.8) 和 LUMO=HOMO+$E_{gap(opt)}$ 计算得出；[e] 通过基于 Gaussian 03 的密度泛函理论获得。

能带间隙也是化合物最高占用分子轨道（HOMO）与最低未占用分子轨道（LUMO）的能级差。从 CV 曲线可以得出化合物相对于 Ag/AgCl 电极的氧化电位 $E_{onset\,ox}$，根据经验公式 HOMO=−($E_{onset\,ox}$+4.8) 可以计算出化合物的 HOMO 能级 $E_{HOMO(CV)}$，再根据公式 LUMO=HOMO+$E_{gap(opt)}$ 计算出化合物的 LUMO 能级 $E_{LUMO(CV)}$。从表 5-6 可以看出，HOMO 能级 $E_{HOMO(CV)}$ 和 LUMO 能级 $E_{LUMO(CV)}$ 的范围分别为 −5.46 ～ −6.29eV 和 −2.65 ～ −3.55eV。特别是含有吸电子基团 −CHO 的化合物 1b 的 HOMO 能级 $E_{HOMO(CV)}$ 相比其他含有给电子基团的化合物较低，为 −6.29eV，因为强烈的吸电子基团可以增加分子的氧化电势从而导致较低的 HOMO 能级。含有甲氧基团的化合物 3b（−5.40eV）相比化合物 3a（−6.14eV）有较高的 HOMO 能级 $E_{HOMO(CV)}$，其原因可能是根据量化计算结果，由于 3b 的整个分子共平面，扩大了 π 键共轭度，降低了能隙。另外，表 5-6 的电化学数据也表明化合物 1、2 和 3 是适合于蓝色发光的材料。

采用密度泛函理论，使用基于 B3LYP/6-31G* 的 Gaussian 03[71,72] 程序包表征了化合物 1、2 和 3 的三维几何图形和前沿分子轨道。图 5-27 为化合物的优化结构和 HOMO 与 LUMO 的轨道划分。化合物 1、2 和 3 的 HOMO 与 LUMO 能级集中分布在蒽环上，其中，化合物 1b、2a、2b 和 3a 与蒽环垂直，1a 的二面角为 74°，而 3b 是一个平面结构。这说明不同的取代基团对分子结构的空间位阻贡献不同。化合物 3b 的 HOMO 能级分布在整个分子上，而 LUMO 能级仅分布在蒽环和部分苯环，这说明化合物 3b 的 HOMO 和 LUMO 的能级分布是不同的，因此其 HOMO-LUMO 能隙是最低的，红移是最大的。对于化合物 1、2 和 3 的 HOMO 能级都是分布在整个蒽环上，其顺序为 1b ＞ 2 ＞ 1a=3a ＞ 3b。随着 π 键共轭度的增加，化合物的 HOMO-LUMO 能隙降低，其顺序为 1 ＞ 2 ＞ 3。因此，理论计算证明了化合物 1、2 和 3 在吸收和发射谱带间的红移与实验结果吻合。

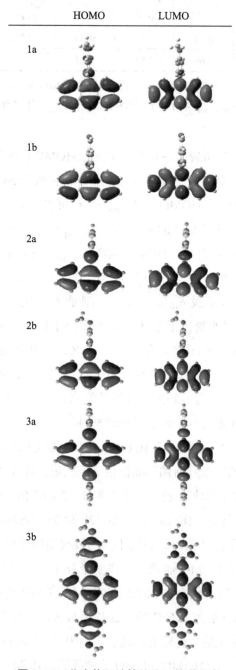

图 5-27　化合物所计算的分子轨道分布

3. 小结

对蒽类绿色荧光材料进行分子设计，通过钯催化偶联反应成功合成了 6 种蒽类衍生物，经由 $^1H/^{13}C$ NMR，质谱以及元素分析等确认。进一步系统地研究了化学结构与热稳定性、光物理性能和电化学性能的关系，实验结果表明，化合物的结构－性能关系在确定蒽类衍生物的热稳定性、光学性质和电子结构上是非常关键的，有助于通过分子设计获得所需发光波长的荧光材料，同时也合成了可发出绿色荧光的蒽类发光材料用于制备绿色荧光喷墨油墨。

（1）6 种蒽类衍生物都表现出较好的热稳定性，分解温度 T_d 的范围为 $221 \sim 484℃$，并且 T_d 随着分子大小或取代基团数目的增加而增大，顺序为 $1 < 2 < 3$，说明了蒽类衍生物的热稳定性能够通过在 9- 和 10- 位上的双取代而被有效地改善。并且，对于单取代的蒽类衍生物，具有甲氧基基团的化合物 1a 和 2b 分别相比于化合物 1b 和 2a 表现出更好的热稳定性。

（2）通过对化合物 1a 和 3a 的晶体结构进行分析，可以得出苯乙炔取代基团对于蒽单元 π 键堆积的分子结构有很大的影响，说明终端取代基团在安排固体堆积时起着非常重要的作用。

（3）在紫外可见吸收光谱中，化合物 1、2 和 3 的最大吸收峰表现出规律性的偏移，顺序为 $1 < 2 < 3$，并且 1a 与 1b 的波峰为"三指峰"，2a 与 2b 为两个宽峰，3a 与 3b 为两个更宽的峰；在荧光光谱中明显的，化合物 1a 显示出蓝色荧光，化合物 2a 和 2b 显示出深蓝色荧光，化合物 3a 和 3b 则显示出绿色荧光，与紫外可见吸收光谱规律相似，只有化合物 1b 显示出浅绿色荧光，具有约 113nm 的最大红移；所有的化合物都具有高的量子效率 $\Phi_f=0.20 \sim 0.75$ 和长荧光寿命 $\tau=2.61 \sim 4.77ns$。

（4）对于含有给电子基团的化合物 1a、2 和 3，荧光发射峰随着溶剂极性的变化有轻微的偏移，大约为 5nm，而含有吸电子基团化合物 1b 的荧光发射光谱溶剂化显色效应非常显著，具有大约 90nm 的较大红移，说明取代基的类型可以对溶剂化显色效应产生较大的影响。

（5）随着 π 键共轭度的增加，能带间隙（$E_{gap(opt)}=2.52 \sim 3.09eV$）降低，顺序为 $1 > 2 > 3$；含有吸电子基团 -CHO 的化合物 1b 的 HOMO 能级 $E_{HOMO(CV)}$ 相比其他含有给电子基团的化合物较低，为 -6.29eV；含有甲氧基的化合物 3b

（-5.40eV）相比化合物 3a（-6.14eV）有较高的 HOMO 能级 $E_{HOMO(CV)}$，说明取代基团的类型和数量对能带间隙、HOMO 能级、LUMO 能级有着非常重要的影响。

（6）化合物 1b、2a、2b 和 3a 与蒽环垂直，1a 的二面角为 74°，而 3b 是一个平面结构，这说明不同的取代基团对分子结构的空间位阻贡献不同，其中，3b 的 HOMO 能级分布在整个分子上，而 LUMO 能级仅分布在蒽环和部分苯环，因此其 HOMO-LUMO 能隙是最低的，红移是最大的。

5.3 蓝绿荧光喷墨油墨的制备及印刷适性

本节以蒽类荧光材料为着色剂，乙醇为溶剂制备醇溶型蓝绿荧光喷墨油墨，测试了油墨的各项性能，如光物理性能、流变性能、表面性能、墨滴喷射状态和耐性等，系统地研究了分子结构和油墨各性能的关系，并分析了油墨各组分对油墨印刷适性的影响，最终获得具有优异印刷适性的绿色荧光喷墨油墨配方。

5.3.1 油墨和样张制备方法

1. 实验材料和仪器

实验材料列表和仪器列表分别如表 5-7、表 5-8 所示。

表 5-7 实验材料列表

序号	药品名	分子式（型号）	纯度	生产厂家
1	二氯甲烷	CH_2Cl_2	A.R./S.P.	北京化学试剂厂
2	乙醇	C_2H_5OH	A.R.	北京化学试剂厂
3	9-(4-醛基苯基)蒽	$C_{21}H_{14}O$	98%	自制
4	9-(苯乙炔基)蒽	$C_{22}H_{14}$	98%	自制
5	9-[(4-甲氧基苯基)乙炔基]蒽	$C_{23}H_{17}O$	98%	自制
6	9,10-二取代-[(4-甲氧基苯基)乙炔基]蒽	$C_{32}H_{22}O_2$	98%	自制
7	丙烯酸树脂	AZ-5391	50%	天津
8	丙烯酸树脂	B817	50%	天津

序号	药品名	分子式（型号）	纯度	生产厂家
9	聚乙烯烷酮树脂	—	90%	天津
10	pH 值调节剂	三乙醇胺	98%	北京
11	蒙肯纸	—	—	北京

表 5-8 实验仪器列表

序号	仪器名称	型号	生产厂家
1	数显恒温多头磁力搅拌器	HJ-6A	江苏省金坛市荣华仪器制造有限公司
2	涂布机	AUTOMATIC 18112	北京
3	荧光光谱仪	RF-5301PC	日本 Shimadzu
4	紫外可见分光光度计	UV-2501PC	日本 Shimadzu
5	静态表面张力仪	K100	德国 KRUSS
6	流变仪	AR2000	美国 TA
7	接触角仪	DSA100	德国 KRUSS
8	pH 计	PHS-3C	上海精密科学仪器有限公司
9	电导率仪	DDS-11A	上海智光仪器仪表有限公司
10	鼓风干燥箱	DH-101-1	天津市中环实验电炉有限公司
11	气候老化试验箱	Xenotest Alpha LM High Energy	美国亚太拉斯有限公司
12	数控超声波清洗器	KQ3200DE	昆山市超声仪器有限公司
13	墨滴观测仪	ⅡA-1501	浙江

2. 实验方法

（1）油墨和样张的制备方法

①油墨的制备方法

荧光喷墨油墨的制备方法主要包括以下三个步骤，配方见表 5-9：

将蒽类荧光材料与乙醇总量的三分之一量在室温下混合搅拌，搅拌时间为 5～10min，得到 A 组分；

将树脂与乙醇总量的三分之二量混合搅拌，温度为 30～50℃，搅拌时间为 30～40min，得到 B 组分；

将所述的 A 组分和 B 组分混合，搅拌至溶液完全透明，时间为 20～30min，然后加入 pH 调节剂，再混合搅拌均匀，时间为 10～25min，得到该油墨。

表5-9　油墨配方

序号	原材料	百分比（%）
1	荧光材料	0.5
2	树脂	18
3	乙醇	80
4	助剂	1.5

对于 A 组分，蒽类荧光材料的密度低，如果直接与树脂、溶剂相混合，不利于其快速溶解，因此需在部分乙醇中搅拌溶解后再加到树脂、溶剂的 B 组分中，为了避免破坏荧光材料结构，这个过程在室温条件下进行即可，不宜加热；对于 B 组分，主要为了使树脂与溶剂能够互溶，形成透明液体；对于 A 组分和 B 组分混合，可形成稳定的油墨体系后再加入助剂（pH 调节剂），有利于助剂功能的发挥。

②样张的制备方法

将涂布机调整到工作状态，选择 7 号丝杠放置在涂布机相应位置，将承印物放置在涂布机平台的中心位置，取等同量的油墨约 5ml，均匀地滴在承印物的前端，开启涂布机进行涂布，获得油墨样张。

（2）样张的光物理性能测试方法

由于紫外－可见吸收光谱仪只能测试液态下的紫外可见吸收光谱，无法测量油墨样张的紫外－可见吸收光谱，所以油墨样张的光物理性能测试只包括荧光光谱的测试方法。参考 GB/T 17001.1—2011《防伪油墨 第 1 部分》，紫外激发荧光防伪油墨中荧光最大发射波长的测定方法，主要原理是紫外激发荧光防伪油墨的最大发射波长是指紫外激发荧光防伪油墨印样在波长为 254nm 或 365nm 紫外线照射下所发射的可见光范围内的光谱的最大峰值对应的波长，以 nm 表示。

使用涂布机将等量的不同类型的荧光油墨分别涂布在不含荧光增白剂的蒙肯纸上获得涂布样张，待油墨干燥后，将样张剪成直径为 2cm 的圆形，测量时使剪好的样张被夹在圆孔间，必须覆盖圆孔的孔洞，不可小于孔洞以免使激发光源漏光，测试时，参数设置与液体测量参数相同。

（3）样张的耐性测试方法

①耐光性

耐光性指颜料或染料型油墨暴露在日光下，抵抗其颜色变化的性能。一般用相对比较的方法来评定。耐光性好坏直接影响油墨的使用寿命。参考 GB/T 17001.1—2011《防伪油墨 第 1 部分：紫外激发荧光防伪油墨》，紫外激发荧光防伪油墨中耐光性检验，主要原理是油墨印样在光照射一定时间后荧光亮度的减弱程度。变化愈小，耐性愈好，反之愈差。

根据以上普通油墨耐光性的测试方法，得出荧光喷墨油墨耐光性的测试方法：利用涂布机选用同型号的丝杠分别涂布自制油墨和市售油墨在不含荧光剂的蒙肯纸上，将两个样张同时放置于气候老化试验箱，分别设置不同的时间范围，并使用荧光光谱仪对不同时间下的样张荧光强度变化进行监测，最后对两者荧光强度随时间的变化情况进行比较分析，可得出自制油墨耐光性的好坏。

②耐热性

耐热性是指油墨经一定温度烘烤后其颜色外观变化的性能。紫外荧光油墨的耐热性能是指油墨承印物在加热一段时间后材料荧光强度的减弱程度，减弱程度越小，荧光材料的耐性越好，反之则越差。由于荧光喷墨油墨组成中有树脂、荧光粉成分，树脂和荧光粉均为高分子有机物结构，若树脂不耐高温，则无法起到荧光粉与承印物之间的连接作用。荧光粉的荧光作用也会受到环境因素如温度的影响，温度上升会导致荧光油墨的荧光强度下降，其主要原因是分子内部能量的转化作用，所以找到合适的储存温度与耐热性条件，可以更好地保存荧光喷墨油墨。

参考 GB/T 17001.1—2011《防伪油墨 第 1 部分：紫外激发荧光防伪油墨》，紫外激发荧光防伪油墨中耐热性检验，主要原理是油墨印样在加热一定时间后，荧光亮度的减弱程度。变化愈小，耐性愈好，反之愈差。

根据以上普通油墨耐光性的测试方法，得出荧光喷墨油墨耐热性的测试方法：利用涂布机选用同型号的丝杠分别涂布自制油墨和市售油墨在不含荧光剂的蒙肯纸上，将两个样张同时放置于干燥箱，根据油墨中荧光材料的分解温度设置干燥箱温度为 80℃，再设定不同的时间范围，并使用荧光光谱仪对不同时间下的样张荧光强度变化进行监测，最后对两者荧光强度随时间的变化情况进行比较分析，可得出自制油墨耐热性的好坏。

③耐热水性

参考 GB/T 17001.1—2011《防伪油墨 第 1 部分：紫外激发荧光防伪油墨》，紫外激发荧光防伪油墨中耐热水性检验，主要原理是油墨印样在热水中浸泡一定时间后，荧光亮度的减弱程度。变化愈小，耐性愈好，反之愈差。

根据以上普通油墨耐热性的测试方法，得出荧光喷墨油墨耐热水性的测试方法：利用涂布机选用同型号的丝杠分别涂布自制油墨和市售油墨，将两个样张剪成同样大小分别放入两个试管，设定超声波清洗器的温度为 80℃，超声振动不同的时间取出样张自然晾干后测定荧光强度，可得出荧光强度的变化与时间的关系，来表征自制油墨耐热水性的优劣。

5.3.2 荧光喷墨油墨的光物理性能

对于发光材料，紫外–可见吸收光谱和发光光谱是需要重点考察的两个性能，其中，紫外–可见吸收光谱属于分子光谱，产生于分子轨道中的价电子跃迁，分子中的电子能级和振动能级都是量子化的，当辐射光子的能量等于两能级间的能量差时，分子就会吸收能量而产生振动吸收谱（电子能级间的跃迁），结构确定的分子只能吸收确定波长（能量）范围的光子，分子的紫外–可见吸收光谱波长范围为 190～850nm，通过测定含有共轭体系有机分子的紫外–可见吸收光谱和强度，可对化合物组成、含量和结构进行分析[73]；发光光谱是指分子所发出的光能量按波长、频率或波数的分布状态，通常用光能量的相对值与波长变化关系来表示，发光光谱还可以给出其原子或分子的性质、结构以及激发态信息等[74]，因此，发光光谱属于光物理性能中必须考察的指标之一，对研究材料性质和各种光电器件有很大的数据支撑作用。整个发光过程是激发态不稳定，会将所吸收的能量以光子的形式释放，发光光谱的峰值反映了材料的禁带宽度，强度与激发光强度有关，反映了材料的荧光量子效率，而宽度则反映了材料的能态分布。

荧光材料本身可吸收紫外光线中的光子而在可见光区域产生荧光，也正是利用这个功能来实现荧光油墨的防伪功能，因此荧光材料本身以及油墨的紫外吸收、荧光发光、荧光量子效率等性能是非常重要的性能指标，是判断材料结构和防伪功能效果的有效手段。

1. 荧光材料的种类对油墨光物理性能的影响

在室温下，用二氯甲烷做溶剂，将四种油墨 a～d 分别配成浓度为 $10^{-5}～10^{-6}M$ 的溶液，测定了四种油墨 a～d 在溶液状态下的紫外 - 可见吸收和荧光光谱以及在固体（涂布样张）状态下的荧光光谱，研究了其光物理性能，如图 5-28 所示，表 5-10 是四种油墨 a～d 和样张 a～d 的光谱数据。

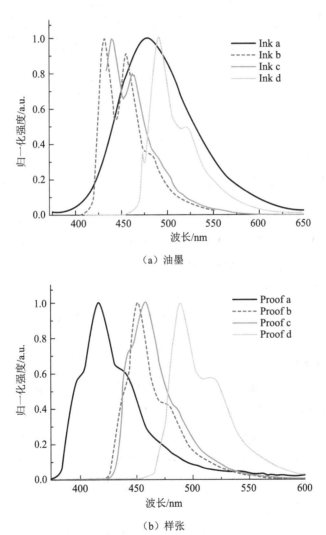

（a）油墨

（b）样张

图 5-28 油墨和样张 a～d 的荧光光谱图

表 5-10　油墨和样张 a ～ d 的光谱数据

－		λ_{max} abs [a] (nm)	λ_{max} PL [a] (nm)	Φ_f [b]	τ [b] (ns)	L^* [b]	a^* [b]	b^* [b]	ΔE [c]
油墨	a	349,367,387	480（387）	0.18	3.05	75.19	-28.04	-12.25	53.69358
	b	399,420	431,455（424）	0.52	4.72	41.64	40.81	-105.68	29.87086
	c	404,424	438,461（428）	0.67	4.24	53.52	30.74	-99.31	23.60755
	d	449,472	490（470）	0.50	2.19	70.7	-69.87	47.08	15.90597
样张	a	—	417（385）	0.10	2.98	79.99	24.77	-20.68	—
	b	—	452（423）	0.39	4.25	67.48	30.38	-94.92	—
	c	—	458（456）	0.56	4.01	74.64	28.81	-109.68	—
	d	—	489（471）	0.49	2.18	80.7	-66.87	35.08	—

注：[a] 化合物 a ～ d 和油墨 a ～ d 的最大吸收和发光波长；[b] 使用光辐射度计测量（PR-655，Photo Research Inc.）；[c] 使用公式 $\sqrt{(L^*_{ink} - L^*_{proof})^2 + (a^*_{ink} - a^*_{proof})^2 + (b^*_{ink} - b^*_{proof})^2}$ 获得。

与图 5-19b 化合物 9-（4- 醛基苯基）蒽、9-（苯乙炔基）蒽、9-[（4- 甲氧基苯基）乙炔基] 蒽和 9,10- 二取代 -[（4- 甲氧基苯基）乙炔基] 蒽的紫外可见吸收和荧光光谱相比，四种油墨 a ～ d 的紫外可见吸收和荧光发光的波形和波峰几乎没有变化，将表 5-9 与表 5-10 进行对比也可以发现油墨的荧光量子产率和荧光寿命变化不大。这说明油墨体系对荧光材料的光物理性能影响较小。样张 a ～ c 的光物理性能相比油墨 a ～ c 发生了明显的变化，其中样张 a 的变化最大，其荧光发射光谱（417nm）相比油墨 a（480nm）发生了一个较大的蓝移，约 60nm，与其吸电子基团 -CHO 在固态相比液态下不容易发挥其扩大 π 键共轭长度，减少蒽类衍生物的 HOMO-LUMO 能隙的能力相关，固态状态下极大地限制了这种能力的发挥。同时，样张 b 和 c 的荧光发射光谱为单尖峰，而油墨 b 和 c 为两个尖峰，峰形发生了明显变化，蓝移较小，并且从表 5-10 可以看出，样张 a ～ c 的荧光量子产率和荧光寿命相比油墨 a ～ c 也有一定的减小，这与分子在固态下易发生分子聚集而造成的荧光量子效率和荧光寿命降低。而样张 d 相比于油墨 d 的荧光发射光谱的波形和峰值变化不大，荧光量子效率和荧光寿命变化也很小，这与其荧光材料的平面结构相关，固态下影响较小。

图 5-29 为四种油墨和四种样张在紫外灯下的呈色效果，使用光谱辐射度计

（PR-655，Photo Research Inc.）对油墨和样张的颜色数据进行测量，并计算两者的色差ΔE，如表 5-10 所示。明显地，样张上油墨在固态状态下的颜色相比于液体状态有一些变化，尤其是样张 a 的颜色，已经呈现出蓝紫色，相比于油墨 a 的浅绿色变化很大，色相和饱和度都有很大的变化，而其他样张 b、c 和 d 相比于油墨 b、c 和 d 在色相上变化不大，只是饱和度变化较大，表 5-10 中的ΔE 显著地表示了这一差别，与上面荧光光谱的变化一致，说明油墨中荧光材料的光物理性能在固态和液态下是不同的，尤其是含有吸电子基团荧光材料在固态下抑制了吸电子能力而导致发光光谱蓝移。

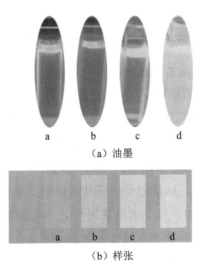

（a）油墨

（b）样张

图 5-29　油墨和样张 a～d 的荧光效果图（彩图 14）

2. 荧光材料的含量对油墨光物理性能的影响

为了制备绿色荧光喷墨油墨，选用 9,10- 二取代 -[(4- 甲氧基苯基) 乙炔基] 蒽为荧光材料，分别改变其在油墨体系中的含量为 0.1%、0.3%、0.5%、0.7%、0.9%，测试油墨的荧光光谱，如图 5-30 所示。从图中可以明显地看出，五种不同荧光材料含量所制备油墨的发光光谱的峰形和最大发光波长都没有改变，但是发光强度发生了一定的变化，随着荧光材料含量的增大而增大，当含量高于 0.5% 以后，发光强度增大幅度降低，趋于稳定，如果持续增加含量，会出现荧光材料析出现象，发光强度降低，因此，最佳荧光材料含量为 0.5%。

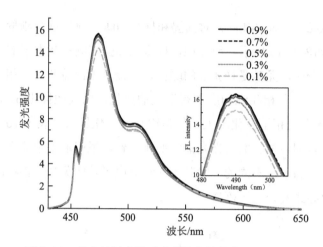

图 5-30 荧光材料含量对发光强度的影响（彩图 15）

3. 树脂种类和含量对油墨光物理性能的影响

为了制备绿色荧光喷墨油墨，选用 9,10- 二取代 -[(4- 甲氧基苯基) 乙炔基] 蒽为荧光材料，分别以丙烯酸树脂 AZ-5391、丙烯酸树脂 B817 和聚乙烯烷酮树脂 C21 分别制备油墨并测试油墨的荧光光谱，如图 5-31 所示。从图中可以明显看出，丙烯酸树脂 B817 所制备油墨的发光强度最高，而聚乙烯烷酮树脂 C21 所制备油墨的发光强度最低，这是由于杂环吡咯抑制了蒽类发光材料的荧光发光。丙烯酸树脂中含有 -COOH，属于消色基团[75]，也会影响荧光材料的发光，其中树脂 B817 相比 AZ-5391 对荧光材料发光的影响更小，原因是树脂 B817 对材料的润湿性和在乙醇体系的溶解性更好。

进一步，改变丙烯酸树脂 B817 在油墨体系中的含量为 10%、12%、14%、16%、18%，乙醇补充剩余油墨含量，分别制备油墨并测试油墨的荧光光谱，取最大发射波长对应的荧光强度做图，如图 5-32 所示。从图中可以看出，随着树脂含量的增加，发光强度明显降低，这是因为荧光材料受体系黏度影响，黏度大，内部分子运动困难，不能达到有利构象，发光强度降低。

综上，最佳的树脂为丙烯酸树脂 B817。

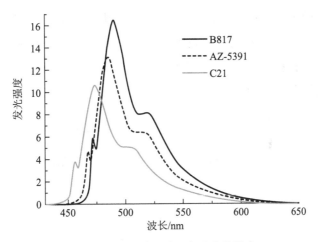

图 5-31　树脂种类对发光强度的影响

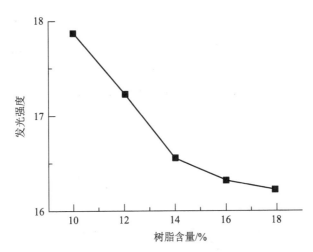

图 5-32　树脂含量对发光强度的影响

5.3.3　荧光喷墨油墨的流变性能

1. 荧光材料的种类对油墨流变性能的影响

流变行为是油墨的一个重要参数，直接影响印刷品的质量，并且喷墨印刷对油墨黏度有更严格的要求。油墨的流变行为一般分为稳态和动态两种，其中稳态流变行为可以表示油墨体系在剪切应力的作用下抵抗层流的能力，而动态流变行为则可以表示油墨体系在外部刺激下内部结构毁坏的状态。油墨 a ~ d 的稳态流变行为在室温下，设定剪切速率范围为 0.1 ~ 100(1/s)，由流变仪测量，结果如图 5-33 所示。油墨 a ~ d 的动态流变行为在室温下，设定最小应变 1%，由流变仪测量，结果如图 5-34 所示。

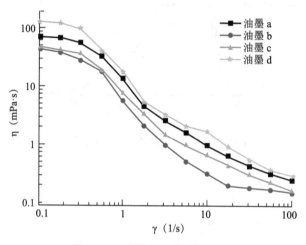

图 5-33　油墨 a-d 的流变曲线

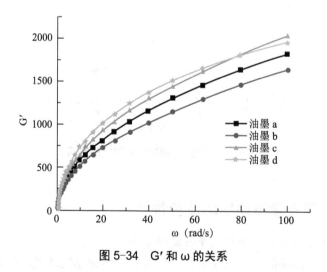

图 5-34　G′ 和 ω 的关系

从图 5-33 可以看出，所有油墨表现出典型的非牛顿流变行为（剪切变稀）：黏度随着剪切速率增加而降低。也可以明显看出虽然流变行为的趋势相同，油墨的黏度却不同，其中油墨 a 的黏度为 14.10mPa·s，油墨 b 的黏度为 5.94mPa·s，油墨 c 的黏度为 7.83mPa·s，油墨 d 的黏度为 17.57mPa·s，如表 5-11 所示，黏度为剪切速率为 1(1/s) 时的取值。由于四种油墨仅荧光材料不同，所以，荧光材料的结构较大地影响了油墨的黏度，其中油墨 d 中荧光材料的分子量最大，会导致分子运动困难，从而黏度值较大[76]。另外，四种油墨黏度满足喷墨油墨的黏度要求（4～40mPa·s），这是墨滴顺利喷射的要求之一[77]。

表 5-11　油墨 a～d 的各项性能

Inks	黏度（mPa·s）	表面张力（mN/m）	接触角（°）
a	14.10	20.21	28.8
b	5.94	20.08	26.7
c	7.83	21.92	34.6
d	17.57	26.87	44.1

注：黏度为剪切速率为 1(1/s) 时的取值。

进一步，又对四种油墨 a～d 的动态黏弹性进行研究，如图 5-34 所示，为四种油墨 a～d 的储存弹性率 G′ 和角频率 ω 的关系。四种油墨的储存弹性率 G′ 在较小应变（1%）下，都随着角频率 ω 的增加而增加，但不是线性增加，表明了油墨体系的内部结构是稳定的，但是增加的幅度不同，油墨 c 和 d 相对有较大的增加幅度，这与其荧光材料含有甲氧基取代基团 -OMe 有关，有利于改善油墨体系的稳定性。

2. 树脂含量对油墨黏度的影响

为了制备绿色荧光喷墨油墨，选用 9,10- 二取代 -[(4- 甲氧基苯基) 乙炔基] 蒽为荧光材料，改变丙烯酸树脂 B817 在油墨体系中的含量为 10%、12%、14%、16%、18%，分别制备油墨并测试油墨的黏度，如图 5-35 所示，随着树脂含量的减小，油墨黏度减小，树脂作为油墨体系中黏度最高的组分，可以明显地影响油墨体系的流动。为了使油墨符合桌面打印机的喷墨要求，黏度一般在 10mPa·s 左右，因此，树脂最佳含量为 12%。

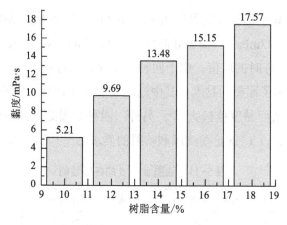

图 5-35　树脂含量对黏度的影响

5.3.4　荧光喷墨油墨的表面性能

1. 荧光材料的种类对油墨表面性能的影响

油墨的表面性能不仅影响喷墨流畅性而且影响墨滴在承印物表面的润湿、铺展，进而影响印刷质量。油墨的接触角可以直接表明墨滴在承印物表面的润湿状态，接触角越小，液体表面张力小于承印物表面自由能，接触角大，液体表面张力则大于承印物表面自由能。油墨的接触角由接触角仪（DSA100，kruss，Germany）测量，表面张力由表面张力仪测量（k100，kruss，Germany），如图 5-36 和表 5-11 所示。

从图 5-36 可以看出，油墨的接触角是不同的，范围为 28.8°～44.1°，变化顺序为油墨 d ＞油墨 c ＞油墨 a ＞油墨 b，这说明四种油墨墨滴在承印物表面都有很好的润湿性，但是润湿程度不同，其中油墨 d（44.1°）的润湿性相对较差。表 5-11 中表面张力的变化趋势与接触角类似，油墨 d 的表面张力最大，为 26.87mN/m。这与其荧光材料的分子平面结构相关，分子的共轭度大，内部作用力也大，并且大于承印物的表面自由能，故接触角大，表面张力也相对较大。因此，荧光材料的分子结构对油墨在承印物表面的润湿也有一定影响。

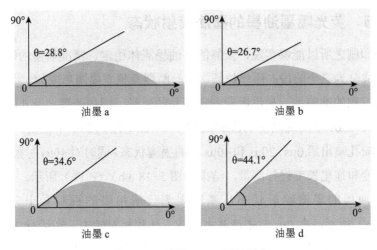

图 5-36　油墨 a ～ d 的接触角

2. 树脂含量对油墨表面张力的影响

为了制备绿色荧光喷墨油墨，选用 9,10- 二取代 -[(4- 甲氧基苯基) 乙炔基] 蒽为荧光材料，改变丙烯酸树脂 B817 在油墨体系中的含量为 10%、12%、14%、16%、18%，分别制备油墨并测试油墨的表面张力，如图 5-37 所示，随着树脂含量的减小，油墨的表面张力呈现减小的趋势，喷墨油墨表面张力一般要求在 20 ～ 30mN/m，这些油墨的表面张力都符合其要求。

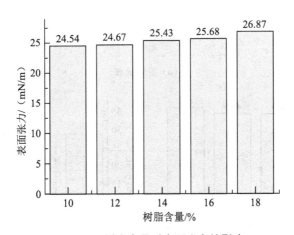

图 5-37　树脂含量对表面张力的影响

5.3.5 荧光喷墨油墨的墨滴喷射状态

喷墨印刷之所以能够实现，依靠的是油墨流体稳定、精准喷墨的印刷性能。墨滴的形成分为三个阶段：墨丝拉长、墨丝断裂及独立墨滴形成[78]，墨滴状态影响着墨点沉积的准确性，最终影响着印刷品的质量。四种油墨 a～d 的墨滴喷射状态由ⅡA-1501墨滴观测仪（Xaar382喷头），在电压为25V下测量。图5-38（a）为墨滴从喷孔喷出后0μs、20μs和40μs时的墨滴状态，同时对40μs时墨滴的速度、体积、圆度和拖尾长度进行测量，结果如图5-38（b）～（e）所示。

四种油墨的墨滴喷射状态从墨滴观测仪所拍摄的视频看十分类似，如图5-38（a）所示，在0μs时墨滴基本形成，体积相对较大，在运行20μs后，墨滴拉丝明显，部分体积形成拉丝长度，墨滴体积减小，运行40μs后，墨丝没有明显的断裂，而是逐渐消失形成独立墨滴。墨滴的圆度在三个状态都比较好，墨丝没有明显的断裂现象，与油墨体系的化学物质有很大关系。

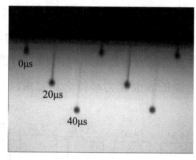

（a）墨滴状态

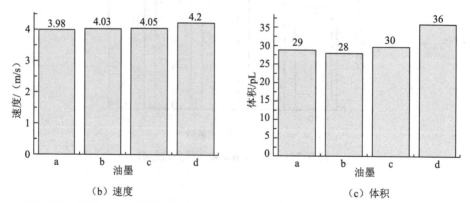

（b）速度　　　　　　　　　　　　　（c）体积

图5-38　油墨 a～d 的墨滴状态，在40μs时墨滴的速度、体积、圆度和拖尾长度

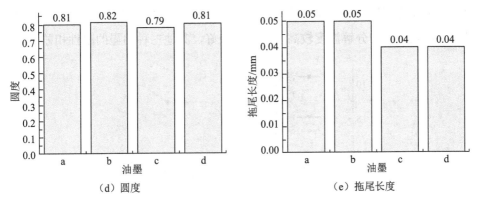

图 5-38　油墨 a～d 的墨滴状态，在 40μs 时墨滴的速度、体积、圆度和拖尾长度（续）

　　图 5-38（b）为油墨 a～d 的墨滴从喷孔喷出 40μs 内的墨滴平均速度，从图中可以看出，油墨 d 的墨滴速度最大，这与其分子质量大有关，在自身重力下速度相对较快。图 5-38（c）和图 5-38（e）为四种油墨墨滴的体积和尾部长度，呈现出一定的差别，油墨 d 墨滴的体积最大，尾部长度最小。这与油墨自身的表面张力有很大关系[79]，因为表面张力较高的油墨墨滴在离开喷孔后会聚较快，液滴尾部长度较小，造成墨滴与空气的有效接触面积较小，墨滴表面挥发少，因此最终墨滴体积也相应较大，而且拖尾相对长的油墨 a 和 b 更容易受空气阻力影响而减速[80]。图 5-38（d）为四种油墨墨滴的圆度，其变化不大，由于表面张力的作用，液体表面总是趋向于尽可能缩小，所以，在空气中的墨滴往往呈圆球形状，但是表面张力越大，墨滴表面的分子越容易收缩，圆度也会相应变化。

5.3.6　荧光喷墨油墨的耐性

　　根据前述油墨样张的耐性测试方法，将四种油墨与市售蓝色荧光喷墨油墨（SO-KEN，日本）进行耐光、耐热和耐热水性能的测试，结果如图 5-39 所示。

　　从图 5-39 可以看出，在耐光、耐热和耐热水三个性能中，自制墨的荧光强度变化均比市售墨小，说明自制墨的三个耐性明显优于市售墨，也就是说自制墨的耐性已经符合市场要求。在自制的四种墨 a～d 中，油墨 d 在耐光、耐热和耐热水三个性能中荧光强度变化又明显小于其他三种油墨，说明油墨 d 中的荧光材料受外界环境变化的影响较小，耐性好，这与油墨 d 相应荧光材料的自身稳定性相关。由前述可知油墨 d 相应荧光材料的分解温度 T_d 为 484℃，相比其他三种油墨相应荧光材料的分解温度较高，稳定性最好，其他三种油墨的耐性相差不大。

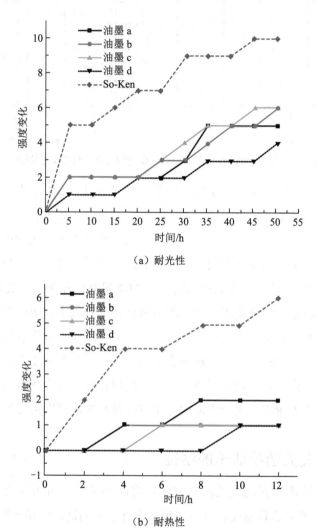

（a）耐光性

（b）耐热性

图 5-39　油墨 a～d 和市售墨 So-Ken 的耐光（a），耐热（b）和耐热水（c）性能

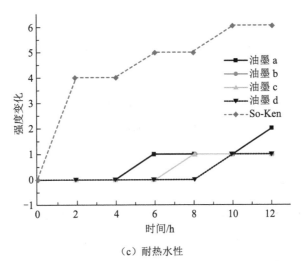

（c）耐热水性

图 5-39 油墨 a～d 和市售墨 So-Ken 的耐光（a），耐热（b）和耐热水（c）性能（续）

5.3.7 最优油墨配方及打印效果

综合以上研究结果可以获得具有最优印刷适性的绿色荧光喷墨油墨配方，如表 5-12 所示，根据最优配方制备油墨并利用 Epson Me35 桌面打印机进行打印测试，效果如图 5-40 所示。打印了直径为 0.5mm 的点，线宽为 0.5mm 的线条和宽度为 5mm 的实地块，可以看出，再现的点的圆度较好，边缘清晰；实地块饱满，有轻微缺线的现象；线条的质量相对较差，边缘不清晰，需要进一步提高线条的打印质量。

表 5-12 最优油墨配方

序号	原材料	百分比（%）
1	荧光材料：9,10- 二取代 -[(4- 甲氧基苯基) 乙炔基] 蒽	0.5
2	树脂：丙烯酸 B817	12
3	溶剂：乙醇	87.5

Point（diameter：0.5mm）

Line（width：0.5mm）

Solid（width：5mm）

图 5-40　打印样张

5.3.8　小结

根据喷墨油墨配方，以四种荧光材料 9-(4- 醛基苯基) 蒽、9-(苯乙炔基) 蒽、9-[(4- 甲氧基苯基) 乙炔基] 蒽和 9,10- 二取代 -[(4- 甲氧基苯基) 乙炔基] 蒽分别与乙醇、树脂制备四种油墨 a ～ d，对油墨的光物理性能、流变性能、表面性能、墨滴喷射状态和耐性进行了系统性的研究，实验结果表明，蒽类荧光材料的分子结构和油墨组分对油墨印刷适性有一定的影响，最终获得性能优异的绿色荧光喷墨油墨配方。具体结果如下：

（1）在油墨液态状态下，四种油墨 a ～ d 的荧光光谱与其相应荧光材料的荧光光谱基本相同，说明油墨体系对荧光材料的光物理性能影响较小；在油墨固体状态下（涂布样张），样张 a ～ c 的光物理性能相比油墨 a ～ c 发生了明显的变化，其中样张 a 的变化最大，有较大的蓝移，约 60nm，样张 b 和 c 的荧光发射光谱的峰形发生了明显变化和较小蓝移；样张上油墨在固态状态下的颜色相比于液体状态有一些变化，尤其是样张 a 的颜色，已经呈现出蓝紫色，相比于油墨 a 的浅绿色变化很大，而其他样张 b、c 和 d 相比于油墨 b、c 和 d 在色相上变化不大，只是饱和度变化较大，说明油墨中荧光材料的光物理性能在固态和液态下是不同的，尤其是含有吸电子基团荧光材料在固态下抑制了吸电子能力而导致发光光谱蓝移。

（2）所有油墨表现出典型的非牛顿流变行为（剪切变稀），荧光材料的结构较大地影响了油墨的黏度，其中油墨 d 中荧光材料的分子量最大，油墨黏度值也最大；四种油墨的储存弹性率 G' 在较小应变（1%）下，都随着角频率 ω 的增加而增加，但不是线性增加，表明了油墨体系的内部结构是稳定的，但是增加的幅度不同，油墨 c 和 d 相对有较大的增加幅度，这与其荧光材料含有甲氧基取代基团 -OMe 有关。

（3）四种油墨墨滴在承印物表面都有很好的润湿性，但是润湿程度不同，这与荧光材料的分子结构有一定的关系，其中油墨 d 的接触角最大，润湿性相对较差，与其荧光材料的分子平面结构相关，分子的共轭度大，内部作用力也大，并且大于承印物的表面自由能，故接触角大，表面张力也相对较大。

（4）四种油墨的墨滴喷射状态从墨滴观测仪所拍摄的视频看十分类似，在 0μs 时墨滴基本形成，体积相对较大，在运行 20μs 后，墨滴拉丝明显，部分体积形成拉丝长度，墨滴体积减小，运行 40μs 后，墨丝没有明显的断裂，而是逐渐消失形成独立墨滴。其中油墨 d 的墨滴速度和体积最大，而墨滴的圆度变化不大。

（5）在耐光、耐热和耐热水三个性能中，自制墨的荧光强度变化均比市售墨小，说明自制墨的三个耐性明显优于市售墨，表明自制墨的耐性已经符合市场要求。在自制的四种墨 a ～ d 中，油墨 d 在耐光、耐热和耐热水三个性能中荧光强度变化又明显小于其他三个油墨，耐性最好，其他三种油墨的耐性相差不大。

（6）以 9,10- 二取代 -[(4- 甲氧基苯基) 乙炔基] 蒽为荧光材料制备绿色荧光喷墨油墨，荧光材料的含量和树脂种类对油墨的光物理性能有一定的影响，最佳荧光材料含量为 0.5%，树脂种类为丙烯酸 B817；树脂含量对油墨黏度影响较大，对油墨表面张力影响较小，最佳树脂含量为 12%；根据最优配方所制备油墨的打印质量符合数字印刷质量的要求，但是线条打印质量需进一步改善。

参考文献

[1] Hersch R D, Donzé P, Chosson S. Color Images Visible under UV Light[J]. ACM Transactions on Graphics, 2007, 26(3): Article 75.

[2] Rossier R, Hersch R D. Hiding Patterns with Daylight Fluorescent Inks[C]. Switzerland: 19th Color Imaging Conference, 2011.

[3] VAN RENESSE R L. Printing Inks and Printing Techniques[C]. London: Optical Document Security, 2005.

[4] Liu H M, Xu W, Tan W, et al. Line Printing Solution-processable Small Molecules with Uniform Surface Profile via Ink-jet Printer[J]. Journal of Colloid and Interface Science, 2016, 465: 106–111.

[5] Jafarifard S, Bastani S, Atasheh S G, et al. The Chemo-rheological Behavior of an Acrylic Based UV-curable inkjetink: Effect of surface chemistry for Hyperbranched Polymers[J]. Progress in Organic Coatings, 2016, 90: 399–406.

[6] Stempien Z, Rybicki E, Rybicki T, et al. Inkjet-printing Deposition of Silver Electro-conductive layers on Textile Substrates at Low Sintering Temperature by Using an Aqueous Silver Ions-containing Ink for Textronic Applications[J]. Sensors and Actuators B, 2016, 224: 714-725.

[7] 李善吉, 黄敏文. 可用于防伪包装的新型荧光材料的合成与发光性能研究 [J]. 包装工程, 2010, 31(9): 37-40.

[8] 杨玲, 魏先福, 黄蓓青, 等. 助剂对紫外荧光喷墨油墨发光性能的影响 [J]. 包装工程, 2013, 34(23): 111-115.

[9] 虞峰, 周清河. 使用无色荧光油墨印刷彩色防伪图像的方法 [P]. 专利公开号: CN102514408A, 2012.6.27, 中国.

[10] Coudray, Mark A. Boosting Process-color Ink Gamut with Fluorescents[J]. Screen Printing, 2004, 94(6): 28-32.

[11] 吕春作. 水性喷墨油墨的性能研究 [D]. 山东: 齐鲁工业大学, 2015.

[12] 王娜, 魏先福, 黄蓓青, 等. UV 喷墨油墨分散性评价方法的研究 [J]. PACKAGING ENGINEERING, 2008, 29(10): 99-101.

[13] Angelo P D, Kronfli R, Farnood R R. Synthesis and Inkjet Printing of Aqueous ZnS: Mn nanoparticles[J]. Journal of Luminescence, 2013, 136: 100-108.

[14] 崔荣朕, 唐艳茹, 马玉芹, 等. 蓝色有机电致发光材料及器件的研究进展 [J]. 高等学校化学学报, 2015, 32(8): 855-872.

[15] 陆天华, 霍延平, 方小明. 可湿法加工有机小分子发光材料研究进展 [J]. 有机化学, 2013, 33: 2063-2079.

[16] Young D K, Kim J P, Kwon O S, et al, The Synthesis and Application of Thermally Stable Dyes for Ink-jet Printed LCD Color Filters[J]. Dyes and Pigments, 2009, 81: 45-52.

[17] Ataeefard M, Nourmohammadian F. Producing fluorescent digital printing ink: Investigating the Effect of Type and Amount of Coumarin Derivative Dyes on the Quality of Ink[J]. Journal of Luminescence, 2015, 167: 254-260.

[18] 黄蓓青, 张婉, 魏先福, 等. 用于加色法印刷成像的紫外激发红色荧光喷墨墨及制法 [P]. 专利公开号: ZL201210408556.5, 2014.12.24, 中国.

[19] Ogi D, Fujita Y, Mori S, et al. Bis- and Tris-fused Tetrathiafulvalenes Extended with Anthracene-9, 10-diylidene[J]. Org. Lett., 2016, 18(22): 5868-5871.

[20] Peng Z, Wang Z, Tong B, et al. Anthracene Modified by Aldehyde Groups Exhibiting Aggregation-Induced Emission Properties[J].Chin. J. Chem., 2016, 34(11): 1071-1075.

[21] 杨寅, 许文才, 孙家跃, 等. 紫外荧光防伪胶印油墨制备及其性能研究 [J]. 中国印刷与包装研究, 2010(2): 348-352.

[22] 邵魁武. 有机紫外荧光油墨浅述 [J]. 丝网印刷, 2005(7): 29-30.

[23] 魏俊青, 孙诚, 黄利强. 稀土铕配合物在荧光防伪油墨中的应用 [J]. 天津科技大学学报, 2012(27): 36-39.

[24] Narita, Satoshi E, Koji. Method for Fluorescent Image Formation: Print Produced Thereby and Thermal Transfer Sheet Thereof[P]. Patent Number: USA27346979, February 3, 2009.

[25] 名取裕二, 谷口圭司, 羽切稔, 等. 喷墨用油墨以及该喷墨用油墨的制备方法 [P]. 专利公开号: CN101117468, 2008.2.6, 中国.

[26] Coyle W J, Smith J C. Methods and Ink Compositions for Invisibly Printed Security Images Having Multiple Authentication Features[P]. Patent Number: USA33159785, April 5, 2004.

[27] Zahra B, Maryam A, Farahnaz N. Modeling the Effect of Pigments and Processing Parameters Inpolymeric Composite for Printing Ink Application Using the Response Surface Methodology[J]. Progress in Organic Coatings, 2015, 82: 68-73.

[28] 李春江, 马秀峰, 陈浩杰. 水性喷墨染料型油墨与颜料型油墨性能比较 [J]. 广东印刷, 2012(6): 47-50.

[29] Huang Y S, Sun S J, Yuan F F, et al. Spectroscopic Properties and Continuous-wave Laser Operation of Er3+: Yb3+: LaMgB5O10 crystal[J]. JOURNAL OF ALLOYS AND COMPOUNDS, 2017, 695: 215-220.

[30] Wang Y, Zhang B T, Li J F, et al. Enhanced Similar to 2.7 mu m Emission Investigation of Er3+: I-4(11/2) -> I-4(13/2) transition in Yb, Er, Pr: SrLaGa3O7 crystal[J]. JOURNAL OF LUMINESCENCE, 2017, 183: 201-205.

[31] 冼远芳, 李东风, 王宇明. 新型蓝光吡唑啉荧光化合物的合成与红外光谱研究 [J]. 光谱学与光谱分析, 2008, 28(7): 1617-1620.

[32] 魏永俊, 孟思妍, 张莉卓, 等. 含二氮杂萘砌块化合物的荧光性能构效关系研究及应用 [J]. 有机化学, 2014, 34(4): 729-734.

[33] Reddy K L, Kumar A M, Dhir A, et al. Selective and Sensitive Fluorescent Detection of Picric Acid by New Pyrene and Anthracene Based Copper Complexes[J]. JOURNAL OF FLUORESCENCE, 2016, 26(6): 2041-2046.

[34] Mitsui M, Higashi K, Hirumi Y, et al. Effects of Supramolecular Encapsulation on Photophysics and Photostability of a 9, 10-Bis(arylethynyl) anthracene-Based Chromophore Revealed by Single-Molecule Fluorescence Spectroscopy[J]. JOURNAL OF PHYSICAL CHEMISTRY A, 2016, 120(42): 8317-8325.

[35] Feng X, Hu J Y, Yi L, et al. Pyrene-Based Y-shaped Solid-State Blue Emitters: Synthesis, Characterization, and Photoluminescence[J], Chem. Asian J., 2012, 7(12): 2854-2863.

[36] Zhang W W, Ma R, Li S, et al. Electrochemical and Quantum Chemical Studies of Azoles as Corrosion Inhibitors for Mild Steel in Hydrochloric Acid[J]. Chem. Res. Chinese Universities,

2016, 32(5): 827-837.

[37] Kumar S, Kumar D, et al, Patil S. Fluoranthene Derivatives as Blue Fluorescent Materials for Non-doped Organic Light-emitting Diodes[J]. J. Mater. Chem. C, 2016, 4(10): 193-200.

[38] Liu J, Chen H B, Liu S G. Novel Iridium Complex with Carbazol-2-yl-β-diketone Derivative: Low-energy Excitation and Red Electrophosphorescent Devices[J]. Chem. Res. Chinese Universities, 2012, 28(4): 572-576.

[39] Du J R, Wang M R, Chen N K, et al. Instability Origin and Improvement Scheme of Facial Alq3 for Blue OLED Application[J]. Chem. Res. Chinese Universities, 2016, 32(3): 423-427.

[40] Li N Q, Fan Z K, Zhao H R, et al. A bipolar Macrospirocyclic Oligomer Based on Triphenylamine and 4, 5-diazafluorene as a Solution-processable Host for Blue Phosphorescent Organic Light-emitting Diodes[J], Dyes and Pigments, 2016, 134: 348-357.

[41] Shao S Y, Ding J Q, Wang L X, et al. New Applications of Poly(arylene ether)s in Organic Light-emitting Diodes[J]. Chin. Chem. Lett., 2016, 27: 1201-1208.

[42] Tanaka Y, Takahashi T, Nishide J, et al. Application of Wide-energy-gap material 3, 4-di(9H-carbazol-9-yl)Benzonitrile in Organic Light-emitting Diodes[J]. Thin Solid Films, 2016, 619: 120-124.

[43] Yu M Q, Wang S M, Shao S Y, et al. Starburst 4, 4', 4'''-tris(carbazol-9-yl)-triphenylamine-based Deep-blue Fluorescent Emitters with Tunable Oligophenyl Length for Solution-processed Undoped Organic Light-emitting Diodes[J]. J. Mater. Chem. C, 2015, 3: 861-869.

[44] Zhao L, Wang S M, Shao S Y, et al. Stable and Efficient Deep-blue Terfluorenes Functionalized with Carbazole Dendrons for Solution-processed Organic Light-emitting Diodes[J]. J. Mater. Chem. C, 2015, 3: 8895-8903.

[45] Chan L H, Yeh H C, Chen C T. Blue Light-emitting Devices Based on Molecular Glass Materials of Tetraphenylsilane Compounds[J], Adv Mater., 2001, 13: 1637-1641.

[46] Song Y H, Yoo J S, Ji E K, et al. Design of Water Stable Green-emitting CH3NH3PbBr3 Perovskite Luminescence Materials with Encapsulation for Applications in Optoelectronic Device[J]. Chem. Eng. J., 2016, 306: 791-795.

[47] Chang Y C, Yeh S C, Chen Y H, et al. New Carbazole-substituted Anthracene Derivatives Based Non-doped Blue Light-emitting Devices with High Brightness and Efficiency[J]. Dyes and Pigments, 2013, 99: 577-587.

[48] 徐慧, 刘霞, 唐超, 等. 芘类有机半导体材料研究进展[M]. 南京邮电大学学报(自然科学版), 2014, 34(3): 111-124.

[49] LIANG Z Q, LI Y X, YANG J X, et al. Suppression of Aggregation Induced Fluorescence Quenching in Pyrene Derivatives: Photophysical Properties and Crystal Structures[J]. Tetrahedron

Lett, 2011, 52(12): 1329-1333.

[50] Bhavna Sharmaa, Firoz Alamb, Viresh Duttab, et al. Synthesis and Photovoltaic Studies on Novel Fluorene Based Cross-conjugated Donor-acceptor Type Polymers[J]. Organic Electronics, 2017, 40: 42-50.

[51] Pope M, Kallmann H, Magnante P. Electroluminescence in Organic Crystals[J]. Chem. Phys., 1963, 38: 2042-2043.

[52] Zhao L, Wang S M, Ding J Q, et al. Synthesis and Characterization of Solution-processible Anthracene-based Deep-blue Fluorescent Dendrimers[J]. Chinese Sci. Bull., 2016, 61: 325-332.

[53] Sun J, Zhong H L, Xu E J, et al. An X-shaped Solution-processible Oligomer Having an Anthracene Unit as a Core: A New Organic Light-emitting Material with High Thermostability and Efficiency[J]. Org. Electron, 2010, 11: 74-80.

[54] Kang I, Back J Y, Kim R, et al. High Efficient and High Color Pure Blue light Emitting Materials: New Asymmetrically Highly Twisted Host and Guest Based on Anthracene[J]. Dyes and Pigments, 2012, 92: 588-595.

[55] 徐登辉. 有机电致发光器件及器件界面特性 [M]. 北京 : 北京邮电大学出版社 , 2013.

[56] 许金钩 , 王尊本 . 荧光分析法 [M]. 3 版 . 北京 : 科学出版社 , 2006.

[57] Mallesham G, Balaiah S, Ananth R M, et al. Design and Synthesis of Novel Anthracene Derivatives as n-type Emitters for Electroluminescent Devices: a Combined Experimental and DFT Study[J]. Photoch. Photobio. Sci., 2014, 13: 342-357.

[58] Kim S K, Yang B, Ma Y, et al. Exceedingly Efficient Deep-blue Electroluminescence from New Anthracenes Obtained Using Rational Molecular Design[J]. J. Mater. Chem., 2008, 18: 3376-3384.

[59] Yu Y H, Huang C H, Yeh J M, et al. Effect of Methyl Substituents on the N-diaryl Rings of Anthracene-9, 10-diamine Derivatives for OLEDs Applications[J]. Org. Electron., 2011, 12: 694-702.

[60] He J T, Xu B, Chen F P. Aggregation-Induced Emission in the Crystals of 9, 10-Distyrylanthracene Derivatives: The Essential Role of Restricted Intramolecular Torsion[J]. J. Phys. Chem., 2009, 22: 9892-9899.

[61] Yu M X, Duan J P, Lin C H, et al. Diaminoanthracene Derivatives as High-Performance Green Host Electroluminescent Materials[J]. Chem. Mater., 2002, 14(9): 3958-3963.

[62] Miyaura N, Suzuki A. Palladium-Catalyzed Cross-Coupling Reactions of Organoboron Compounds[J]. Chem Rev., 1995, 95(9): 2457-2483.

[63] Chinchilla R, Nájera C. The Sonogashira Reaction: A Booming Methodology in Synthetic Organic Chemistry[J]. Chem Rev., 2007, 107(3): 874-922.

[64] Hu J Y, Feng X, Seto N, et al. Synthesis, Structural and Spectral Properties of Diarylamino-Functionalized Pyrene Derivatives via Buchwald-Hartwig Amination Reaction[J]. J. Mol. Struct., 2013, 1035: 19-26.

[65] Li X W, He D H. Synthesis and Optical Properties of Novel Anthracene-based Stilbene Derivatives Containing an 1, 3, 4-oxadiazole Unit[J]. Dyes and Pigments, 2012, 93: 1422-1427.

[66] Yoon J Y, Na E J, Park S N, et al. Synthesis and Electroluminescent Properties of Anthracene Derivatives Containing Electron-withdrawing Oxide Moieties[J]. Mater. Res. Bull., 2014, 58: 149-152.

[67] Venkataramana G, Sankararaman S. Synthesis and Spectroscopic Investigation of Aggregation through Cooperative π-π and C-H$\cdots$O Interactions in a Novel Pyrene Octaaldehyde Derivative[J]. Org. Lett., 2006, 8(13): 2739-2742.

[68] Sciano J C. Handbook of Organic Photochemistry[M]. Boca Raton: CRC Press, 1989.

[69] Yucel B, Meral K, Ekinci D, et al. Synthesis and Characterization of Solution Processable 6, 11-dialkynyl Substituted Indeno[1, 2-b]Anthracenes[J]. Dyes and Pigment, 2014, 100: 104-117.

[70] Becke A D. A New Mixing of Hartree-Fock and Local Density - functional Theories[J]. J.Chem Phys., 1993, 98: 1372-1381.

[71] Spreitzer H, Vestweber H, Stößel P, et al. White and Blue Temperature Stabile and Efficient OLEDs Using Amorphous Spiro Transport and Spiro Emitting Compounds[J]. Proc. SPIE, 2001, 4105: 125-133.

[72] 李祥高, 王世荣. 有机光电功能材料 [M]. 北京: 化学工业出版社, 2012.

[73] 朱道本. 功能材料化学进展 [M]. 北京: 化学工业出版社, 2005.

[74] 杨玲, 魏先福, 黄蓓青. 红外荧光油墨的制备及发光性能的研究 [J]. 印刷技术, 2014(1): 54-56.

[75] Sara P, Silva M D, Silva Lima P, et al. Rheological Behaviour of Cork-polymer Composites for Injection Moulding[J]. Composites Part B, 2016, 90: 172-178.

[76] Güngör G L, Kara A, Gardini D, et al. Ink-jet Printability of Aqueous Ceramic Inks for Digital Decoration of Ceramic Tiles[J]. Dyes and Pigments, 2016, 127: 148-154.

[77] Jang D, Kim D, Moon J. 喷墨油墨流变性能对其印刷适性的影响 [J]. 中国印刷与包装研究, 2009, 1(4): 73-75.

[78] Dong H, Carr W, Morris J. An Experimental Study of Drop-on-demand Drop Formation[J]. Phys fluids, 2006, 18: article 072102.

[79] Zhang X, Basaran O. Dynamic Surface Tension Effects in Impact of a Drop with a Solid Surface[J]. J Colloid Interface Sci, 2016, 187: 166-178.

第六章　加色法印刷成像技术

彩色图像的形成原理一般分为色光混合的加色法成像和色料混合的减色法成像两大类。加色法成像是指利用色光混合而呈现不同彩色的方法,即利用红、绿、蓝三原色色光按一定比例混合形成彩色图像。色光混合的过程即是光谱范围增加的过程,亮度增加,所呈现的新色彩饱和度高,经常应用在 LED 液晶显示屏、电视机、手机屏幕、数码相机、多媒体投影仪和扫描仪等产品的显示技术上。减色法成像是指利用色料叠加而呈现不同颜色的方法,即利用青、品、黄三原色色料按一定比例混合,因各颜色色料分别选择性吸收入射光源(白光)中部分波长光,彩色图像通过底基将剩余波长光反射(或透射)而形成,但是色料混合后,每叠印一种颜色,色料吸收入射光的光谱范围就扩大,反射光的光谱范围就减少,虽然也可以形成新的颜色,但亮度却降低了,传统印刷方式属于减色法成像,大部分的喷墨印刷方式也属于减色法成像。

加色法成像在印刷上还停留在单色或简单套印[1-3]。颜色复制质量远远未达到普通油墨的要求,而印刷复制过程是一个信息传递过程,颜色准确传递具有特殊的重要性[4-7]。要在印刷工艺中利用加色法原理形成彩色图像,必须使用可发出红、绿、蓝三种色光的油墨。荧光油墨在日光下是无色的,但是在紫外光源的照射下,油墨吸收高能量光子发生能级跃迁,在回到激发态的过程中可发射出低能量光子,即彩色光。根据加色法成像原理,将红、绿、蓝三原色荧光油墨按一定比例混合,其所发出的混合色光可呈现出彩色。但其与普通油墨的减色法成像机理和标准光源的照射十分不同,目前的色彩控制和预测手段都是针对普通油墨建立的,不适用于荧光油墨的色彩控制,甚至对于基本的荧光油墨色块的信息采集也没有标准测试方法。

为了使荧光油墨更好地应用于印刷行业,必须对加色法印刷成像机理进行系统研究,建立色光灰平衡的计算方法,形成针对荧光喷墨油墨的色彩管理方法。

6.1 荧光印刷品的呈色

目前市场上的荧光油墨产品以单色或简单彩色为主,很少再现丰富色彩,限制了荧光油墨的应用范围。原因是已成熟的色块测量、灰平衡、色彩管理等色彩再现控制方法以及预测模型都是针对普通油墨印刷品建立的，无法应用于荧光油墨印刷品的颜色控制和预测[8]。瑞士洛桑联邦理工学院的 Hersch，Roger D.[9] 等人提出一种建立荧光图像的预测模型，但是却没有得到修正系数 N 的合适数值，美国的 Geoffrey L. Rogers[10] 提出一种以 Neugebauer 预测模型为基础的荧光图像预测模型。国内也有一些科研工作者致力于荧光预测模型的研究，但是却没有建立实际可操作的荧光喷墨油墨色彩再现控制方法。为了提高荧光喷墨油墨的印刷质量，再现丰富色彩，必须研究荧光喷墨油墨的加色法成像机理，建立适用于荧光喷墨油墨的色彩控制系统。

6.1.1 荧光印刷品呈色机理

印刷品的呈色过程是依靠网点形式的油墨，墨点叠合或并列形成不同颜色，同时还可以调整墨点的角度和大小。普通油墨以网点的形式被印刷在承印物表面，由于油墨的透明性与滤色片类似，白光进入油墨层后会被不同颜色的油墨吸收部分色光，其余色光会透过油墨至承印物上，一般承印物吸收的色光量极少，再次剩余的色光会被反射回来经过油墨层的二次吸收，最后到达人眼[11]。

荧光喷墨油墨也是以网点的形式被喷射在承印物表面，但在呈色方面其与普通油墨有很大的不同，无须考虑墨层对光线的吸收，只需考虑墨层所发出的彩色荧光，荧光油墨网点可以叠合或并列的方式呈色，其本质就是各网点发出彩色荧光的混合，属于加色法成像。荧光喷墨油墨在这个过程中也可以产生红、绿、蓝、黄、品、青、白、黑共 8 种颜色，并且以不同比例混合产生彩色色光，如图 6-1 所示。

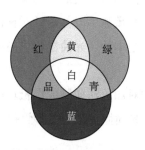

图 6-1　荧光喷墨油墨的呈色（彩图 16）

6.1.2 荧光预测模型的发展

荧光喷墨加色法印刷成像机理与普通油墨有很大不同，目前的色彩控制和预测手段都是适用于普通油墨，比如，直接针对半色调印刷过程的 Neugebauer 方程 [12]、Murray-Davies 方程 [13]、Yule-Nielson 模型 [14]、Clapper-Yule 模型 [15]，这些经典理论是以减色法成像为基础，不能应用于荧光油墨印刷品的色彩控制和预测 [16]，目前已有一些课题组提出荧光油墨印刷品的色彩控制模型，但是过于简单，无法实现精确预测。

国内有关荧光油墨的报道很多，但对其在加色法成像机理研究上的报道却很少，江南大学的张逸新课题组对荧光油墨印刷品（仅限传统印刷方式）的显色规律进行了研究和预测，建立了荧光图像的光谱反射率模型，但是此模型没有进行实际应用。荧光喷墨油墨加色法成像机理研究在国外已出现少量相关报道，但也仅是理论模型。荷兰奥西研发中心的 Van Oosterhout，Gerben 等人提出通过先进物理模型对用于半色调喷墨印刷的着色剂、油墨和纸张进行颜色预测 [17]；美国加利福尼亚州的 Coudray，Mark A. 提出对荧光油墨色域扩大方法的研究，主要应用在传统印刷上 [18]。

6.2 荧光喷墨样张制备和测量

6.2.1 单通道控制打印机

由于没有市售的用于荧光喷墨油墨的打印机，自主研发适用于 EpsonStylusPro 系列打印机的单通道控制软件 epson7600test.exe，安装于 EpsonStylusPro7600 打印机上，任选打印机 7 个通道中的 3 个作为荧光喷墨油墨的红、绿、蓝通道，如图 6-2 所示。将红、绿、蓝三色荧光喷墨油墨分别灌入干净的墨盒中并装在 EpsonStylusPro7600 打印机所选的三个通道中，由单通道控制软件控制通道输出相应红、绿、蓝分色文件。

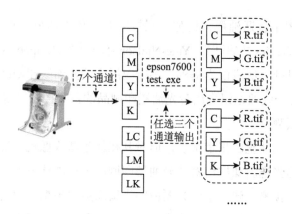

图 6-2　打印机单通道控制

具体步骤如下：首先将输出文件在 Photoshop 中改为 RGB 模式，分通道保存为 tif 格式，共 R.tif、G.tif 和 B.tif 三个文件，红、绿、蓝三色荧光喷墨油墨分别灌入青、品、黄墨盒中，使用单通道控制软件 epson7600test.exe 将三个 tif 文件合并为输出文件 ttt.dat，此文件为单通道控制软件能够识别的 dat 格式，最后由青通道输出 R.tif，品通道输出 G.tif，黄通道输出 B.tif。

6.2.2　荧光喷墨油墨样张的颜色测量方法

1. 光辐射度计测量及计算

荧光喷墨油墨不同于其他普通油墨，需要在紫外光源下进行颜色测量，同时又必须考虑日光中的紫外成分对测量精度的影响，因此，自制如图 6-3 所示的灯箱，图 6-3（a）为灯箱结构图，内部有可实现样张 45°放置的平板，保证光谱辐射度计所测信息为样张发出的直光，而不是漫反射光，图 6-3（b）为测试场景，需在暗室下测量。测量之前，用光辐射度计测量紫外光源的光谱数据和 XYZ 值，光谱数据导入光辐射度计软件中的光源文件夹中待调用，XYZ 值在进行颜色空间转换时使用。使用该仪器可直接测出荧光喷墨油墨色块的 XYZ 值、Lab 值和光谱数据。

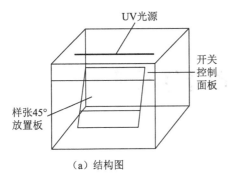

UV光源

开关
控制
面板

样张45°
放置板

（a）结构图

（b）测试场景

图6-3　自制灯箱

2. 荧光光谱仪测量及计算

使用荧光光谱仪中积分球测量模式，将样张固定在放置样品的位置，必须把整个样品空隙完全覆盖，因此样张上的色块尺寸最小为4cm×6cm，测出光谱曲线后，利用公式6-1求出色块的*XYZ*值。

$$
\begin{cases}
X = k\int_{\lambda}\phi(\lambda)\bar{x}(\lambda)\mathrm{d}\lambda \\[2mm]
Y = k\int_{\lambda}\phi(\lambda)\bar{y}(\lambda)\mathrm{d}\lambda \\[2mm]
Z = k\int_{\lambda}\phi(\lambda)\bar{z}(\lambda)\mathrm{d}\lambda
\end{cases}
\tag{6-1}
$$

式中，k 为归化系数，默认为常数1；$\phi(\lambda)$ 为荧光光谱仪所测试的光谱数据；$\bar{x}(\lambda)$、$\bar{y}(\lambda)$、$\bar{z}(\lambda)$ 为CIE1931标准色度观察者光谱三刺激值；积分范围为 $\lambda=380 \sim 780$nm。

再利用公式6-2将每一个色块的*XYZ*值转换成*Lab*值，其中式中的 X_n、Y_n、Z_n 为紫外光源的*XYZ*值。

$$
\begin{cases}
L^* = 116(Y/Y_n)^{1/3} - 16 \\[2mm]
a^* = 500[(X/X_n)^{1/3} - (Y/Y_n)^{1/3}] \\[2mm]
b^* = 200[(Y/Y_n)^{1/3} - (Z/Z_n)^{1/3}]
\end{cases}
\tag{6-2}
$$

6.3　灰平衡计算原理

6.3.1　灰平衡及其计算方法

理想的青品黄三原色普通油墨等量叠印或并列，应该呈现出中性灰色，然而，实际的青品黄三原色油墨在呈色方面并不理想，带有一定的色偏。由于中性灰色没有色调和饱和度，只有明度指标，因此，只要中性灰没有达到平衡，人眼非常容易觉察出偏色，所以在印刷品质量检测中会把灰平衡作为色彩检验的一项重要指标，只有灰平衡控制好，颜色再现才能达到理想效果。因此寻找出中性灰色所对应的三原色油墨比例至关重要，可以解决印刷品偏色的问题。灰平衡就是指为了达到理想油墨等量叠印或并列的效果，调整实际油墨的三原色比例，获得从高光到暗调不同阶调的灰色。当各阶调都达到灰平衡时，其所对应的三原色油墨比例和密度值关系可形成灰平衡曲线，如图 6-4 所示，横坐标是密度值代表不同阶调，纵坐标是三原色油墨调整后的网点面积率。由于横坐标的密度值是三原色油墨经调整比例后印刷出来的，与单色黑油墨的印刷效果相同，因此称这个密度值为三原色油墨的等效中性灰密度[19]（Equivalent Neutral Density，END）。

理想的青品黄三原色油墨等比例叠加或并列可获得中性灰平衡色块，但是实际的青品黄油墨存在偏色问题，需要确定获得理想中性灰平衡色块所需的实际青品黄油墨的网点面积率，可通过灰平衡计算方程[20] 和 Murray-Davies 计算公式来获得。其中，灰平衡方程的原理是基于密度叠加关系，即印刷色块总密度等于各原色油墨分密度的线性叠加，因此，当青品黄三原色油墨以一定比例叠印在一起时，所获得的印刷品颜色总密度等于各原色油墨在同一滤色片下的密度之和。假设在正常印刷条件下，构成中性灰平衡时各阶调对应的三原色油墨比例分别为黄 f_y、品 f_m、青 f_c，中性灰色块的密度值为 D_e，红、绿、蓝滤色片下中性灰色块的密度值分别为 D_{er}、D_{eg}、D_{eb}，根据密度叠加关系，中性灰色块在红、绿、蓝滤色片下的密度值等于黄、品、青油墨在相应滤色片下的密度之和，如式6-3：

$$D_{er} = f_y D_{yrt} + f_m D_{mrt} + f_c D_{crt}$$
$$D_{eg} = f_y D_{ygt} + f_m D_{mgt} + f_c D_{cgt} \qquad (6\text{-}3)$$
$$D_{eb} = f_y D_{ybt} + f_m D_{mbt} + f_c D_{cbt}$$

式中，D_{yrt}、D_{mrt}、D_{crt}、D_{ygt}、D_{mgt}、D_{cgt}、D_{ybt}、D_{mbt}、D_{cbt} 分别为黄、品、青油墨单一印刷时在红、绿、蓝滤色片下的密度值，式6-3也可称为灰平衡方程式，将其写为矩阵方程，如式6-4：

$$\begin{bmatrix} D_{er} \\ D_{eg} \\ D_{eb} \end{bmatrix}_i = \begin{bmatrix} D_{yrt} & D_{mrt} & D_{crt} \\ D_{ygt} & D_{mgt} & D_{cgt} \\ D_{ybt} & D_{mbt} & D_{cbt} \end{bmatrix}_i = \begin{bmatrix} f_y \\ f_m \\ f_c \end{bmatrix}_i \qquad (6\text{-}4)$$

式中，i 为灰梯尺各阶调编号；D_{yrt}、D_{mrt}、D_{crt}、D_{ygt}、D_{mgt}、D_{cgt}、D_{ybt}、D_{mbt}、D_{cbt} 组成系数矩阵，可通过测量获取相应数值；D_{er}、D_{eg}、D_{eb} 可通过测量所印刷的各阶调的灰梯尺色块来获得相应数值。

理想的中性灰平衡密度值可以通过测量黑色油墨印刷品各阶调密度值而获得，所以有 $D_{eri}=D_{egi}=D_{ebi}=D_{ei}$。因此，式6-4中只有 f_y、f_m、f_c 是未知数，采用逆矩阵的方法，可计算出针对理想中性灰平衡的每一阶调的三色比例系数 f_{yi}、f_{mi}、f_{ci}，如式6-5所示。

$$\begin{bmatrix} f_{yi} \\ f_{mi} \\ f_{ci} \end{bmatrix} = \begin{bmatrix} D_{yrt} & D_{mrt} & D_{crt} \\ D_{ygt} & D_{mgt} & D_{cgt} \\ D_{ybt} & D_{mbt} & D_{cbt} \end{bmatrix}_i^{-1} \begin{bmatrix} D_{ei} \\ D_{ei} \\ D_{ei} \end{bmatrix} \qquad (6\text{-}5)$$

将 f_{yi}、f_{mi}、f_{ci} 与相应各单色油墨在其补色滤色片下的密度值相乘，可得到构成等价中性灰平衡所对应的黄、品、青各单色油墨的主密度值，如式6-6所示。

$$\begin{cases} D_{eyi} = f_{yi} D_{ybti} \\ D_{emi} = f_{mi} D_{mgti} \\ D_{eci} = f_{ci} D_{crti} \end{cases} \qquad (6\text{-}6)$$

根据 Murray-Davies 公式可得公式6-7：

$$\begin{cases} a_{\mathrm{eyi}} = \dfrac{1-10^{-D_{\mathrm{eyi}}}}{1-10^{-D_{\mathrm{Sy}}}} \\[3mm] a_{\mathrm{emi}} = \dfrac{1-10^{-D_{\mathrm{emi}}}}{1-10^{-D_{\mathrm{Sm}}}} \\[3mm] a_{\mathrm{eci}} = \dfrac{1-10^{-D_{\mathrm{eci}}}}{1-10^{-D_{\mathrm{Sc}}}} \end{cases} \qquad (6\text{-}7)$$

式中，a_{eyi}、a_{emi}、a_{eci} 为构成等价中性灰平衡所对应的各阶调黄、品、青的网点面积率；D_{eyi}、D_{emi}、D_{eci} 为式 6-6 所求出的构成等效中性灰平衡所需要的黄、品、青各单色油墨的主密度值；D_{Sy}、D_{Sm}、D_{Sc} 为 100% 实地补色密度值。

通过式 6-7 可以计算出等价中性灰平衡 $1\text{-}i$ 各阶调所对应的黄、品、青三原色油墨的网点面积率，建立如图 6-4 所示的灰平衡曲线。

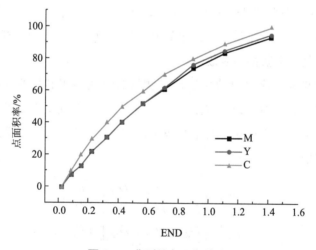

图 6-4　典型的灰平衡曲线

6.3.2　色光灰平衡及色光灰平衡计算方法

1. 色光灰平衡

荧光喷墨油墨依靠发出的红、绿、蓝色光进行混合而获得彩色图像，与普通油墨的青品黄三原色类似，荧光油墨也有三原色——红、绿和蓝，那么理想的三原色荧光油墨以等量混合时，也应该呈现出中性灰色，但是实际的三原色荧光油墨所发出的红、绿和蓝色荧光的波峰会有红移或蓝移，对人眼的刺激会有偏差，而造成偏色。理想的红、绿和蓝色光等量混合应该呈现出白色，无色光混合时呈现出黑色，与三原色普通油墨的灰平衡相反，故以"色光灰平衡"来定义。色光灰平衡就是指以适当的红绿蓝三原色荧光油墨比例，可印刷出从暗调到高光的不同亮度灰色，如图6-5所示，为不同阶调下的中性色光灰平衡色块，可以看出随着网点百分比的提高，色光灰平衡色块的亮度提高，但是整体偏蓝色，所以需要调整至不偏色。

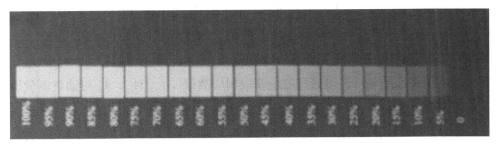

图6-5　色光灰平衡色块（彩图17）

与普通油墨灰平衡一致，色光灰平衡的建立是为了荧光油墨再现的颜色不产生偏色，荧光彩色图像的色彩再现效果与色光灰平衡控制有很大关系，控制恰当，颜色就会更理想，但是荧光油墨的呈色与普通油墨有很大的不同，影响因素较多，比如，在色块信息采集时必须是在暗室操作，否则测出的色度值就会因室内微弱光线的影响而有偏差，另外，承印材料应不含荧光增白剂，否则，其所发出的蓝色荧光会遮盖油墨本身的荧光。

2. 色光灰平衡计算方法

理想的荧光油墨色光灰平衡色块应该是由等量的红、绿、蓝荧光油墨印刷获得，但是实际的红、绿、蓝荧光油墨所发出的色光有偏色，因此需要确定获得理想色光灰平衡色块所需要的红、绿、蓝各单色油墨的网点面积率。根据荧光喷墨油墨发射光谱积分面积叠加原理，三色印刷色块光谱面积等于各单色色块光谱积分面积之和。假设在正常印刷条件下，构成色光灰平衡的各单色油墨比例分别为红（f_R）、绿（f_G）、蓝（f_B），色光灰平衡色块的光谱积分面积为A_e，所包含的红、绿、蓝光谱积分面积分别为A_{er}、A_{eg}、A_{eb}，根据光谱面积叠加关系，色光灰平衡色块所包含的红、绿、蓝光谱积分面积应该等于各单色油墨所包含的红、绿、蓝光谱积分面积之和，见式6-8：

$$A_{er} = f_R A_{Rr} + f_G A_{Gr} + f_B A_{Br}$$
$$A_{eg} = f_R A_{Rg} + f_G A_{Gg} + f_B A_{Bg} \qquad (6-8)$$
$$A_{eb} = f_R A_{Rb} + f_G A_{Gb} + f_B A_{Bb}$$

式中，A_{Rr}、A_{Gr}、A_{Br}、A_{Rg}、A_{Gg}、A_{Bg}、A_{Rb}、A_{Gb}、A_{Bb} 分别为红、绿、蓝油墨单独印刷时所包含的红、绿、蓝光谱积分面积，将其写为矩阵方程6-9。

$$\begin{bmatrix} A_{er} \\ A_{eg} \\ A_{eb} \end{bmatrix}_i = \begin{bmatrix} A_{Rr} & A_{Gr} & A_{Br} \\ A_{Rg} & A_{Gg} & A_{Bg} \\ A_{Rb} & A_{Gb} & A_{Bb} \end{bmatrix}_i \begin{bmatrix} f_R \\ f_G \\ f_B \end{bmatrix}_i \qquad (6-9)$$

式中，i 为色光灰平衡梯尺各阶调编号；A_{Rr}、A_{Gr}、A_{Br}、A_{Rg}、A_{Gg}、A_{Bg}、A_{Rb}、A_{Gb}、A_{Bb} 组成系数矩阵，可通过测量获取相应数值；A_{er}、A_{eg}、A_{eb} 可通过测量所印刷的各阶调的色光灰平衡色块来获得相应数值。

荧光油墨的发光类似显示器中荧光粉的发光，因此对于理想的色光灰平衡光谱积分面积，可以自制如图6-6的色光灰平衡梯尺，该梯尺改变了 K 值的网点面积率，反过来作为色光灰平衡梯尺，使用光辐射度计直接测量显示器所显示的色光灰平衡梯尺，根据所获得光谱数据计算不同阶调的光谱积分面积，并且所包含的红、绿、蓝光谱积分面积应该相等，所以有 $A_{weri}=A_{wegi}=A_{webi}=A_{wei}$。

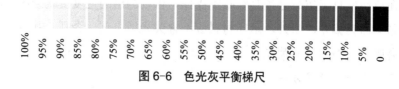

| 100% | 95% | 90% | 85% | 80% | 75% | 70% | 65% | 60% | 55% | 50% | 45% | 40% | 35% | 30% | 25% | 20% | 15% | 10% | 5% | 0 |

图6-6　色光灰平衡梯尺

因此，式6-9中只有 f_R、f_G、f_B 是未知数，采用逆矩阵的方法，可计算出针对理想色光灰平衡光谱面积的每一阶调三原色比例系数 f_{Ri}、f_{Gi}、f_{Bi}，如式6-10所示。

$$\begin{bmatrix} f_{Ri} \\ f_{Gi} \\ f_{Bi} \end{bmatrix} = \begin{bmatrix} A_{Rr} & A_{Gr} & A_{Br} \\ A_{Rg} & A_{Gg} & A_{Bg} \\ A_{Rb} & A_{Gb} & A_{Bb} \end{bmatrix}_i^{-1} \begin{bmatrix} A_{ei} \\ A_{ei} \\ A_{ei} \end{bmatrix} \qquad (6-10)$$

将所求出的 f_{Ri}、f_{Gi}、f_{Bi} 与相应单色油墨所包含的同一颜色光谱积分面积相乘，可得到构成等价色光灰平衡所需的实际红、绿、蓝各色油墨的主光谱积分面积，如式 6-11 所示：

$$\begin{cases} A_{eri} = f_{Ri} A_{Rri} \\ A_{egi} = f_{Gi} A_{Ggi} \\ A_{ebi} = f_{Bi} A_{Bbi} \end{cases} \tag{6-11}$$

根据 Murray-Davies 公式，可得根据光谱积分面积求出网点面积率的公式，如 6-12 所示：

$$\begin{cases} a_{eri} = \dfrac{1-10^{-A_{eri}}}{1-10^{-A_{SR}}} \\ a_{egi} = \dfrac{1-10^{-A_{egi}}}{1-10^{-A_{SG}}} \\ a_{ebi} = \dfrac{1-10^{-A_{ebi}}}{1-10^{-A_{SB}}} \end{cases} \tag{6-12}$$

式中，a_{eri}、a_{egi}、a_{ebi} 为构成等效色光灰平衡对应的各阶调红、绿、蓝网点面积率；A_{eri}、A_{egi}、A_{ebi} 为式 6-11 所求出的构成等效色光灰平衡所需要的红、绿、蓝各色油墨的光谱积分面积；A_{SR}、A_{SG}、A_{SB} 为 100% 实地光谱积分面积。

用式 6-12 可以计算出等价色光灰平衡 1-i 各阶调所对应的红、绿、蓝三原色油墨网点面积率，建立灰平衡曲线进行输出调用。

6.3.3　色光灰平衡的应用

1. 实验材料和仪器

实验材料如表 6-1 和表 6-2 所示。

表 6-1　实验材料（纸）

名称	定量（g/m²）	颜色	规格	是否含荧光剂	生产厂家
蒙肯纸	100	米色	A4	否	江苏古德纸业
道林纸	100	米色	A4	否	江苏古德纸业
胶版纸	80	白	B3	是	山东太阳纸业
铜版纸	100	白	卷筒	是	Epson 专用纸

表 6-2　实验材料（油墨）

名称	克重（g）	颜色	生产厂家
荧光喷墨油墨	500	红、绿、蓝	日本株式会社 SO-KEN

实验仪器和实验软件分别如表 6-3、表 6-4 所示。

表 6-3　实验仪器

仪器名称	型号	生产厂家
喷墨打印机	EpsonStylusPro7600	爱普生
荧光光谱仪	RF-5301PC	日本岛津
标准对色光源灯箱	Judge Ⅱ	广州理宝实验室检测仪器有限公司
光谱辐射度计	PR-655	PhotoResearch, Inc.

表 6-4　实验软件

软件名称	型号	生产厂家
Photoshop	CS3	Adobe
打印机单通道控制	适用于 EpsonStylusPro 系列	自主研发
Profilemaker	5.0 Professional	GretagMacbeth Group Company

2. 荧光喷墨油墨样张的颜色测量方法对比

以绿色梯尺为基础，记录其在 photoshop 中 sRGB 模式下的 Lab 值，记为 $L_0a_0b_0$，分别使用光辐射度计（PR-655，PhotoResearch，Inc.）和荧光光谱仪（RF-5301PC，日本岛津）的测试方法测量打印样张上的绿色梯尺色块，记为 $L_1a_1b_1$ 和 $L_2a_2b_2$。计算色差 ΔE，如表 6-5 和图 6-7 所示。

表 6-5　两种方法的色差对比

网点面积率 /%	光辐射度计 ΔE_1	荧光光谱仪 ΔE_2
5	5.8789	4.4713
10	5.4938	4.5488
15	5.4223	4.9417
20	5.4793	5.0766

网点面积率 /%	光辐射度计 ΔE_1	荧光光谱仪 ΔE_2
25	5.5993	5.2949
30	5.7801	5.6504
35	5.9538	5.9406
40	6.0763	6.2770
45	6.1688	6.4666
50	6.3226	6.7381
55	6.4024	7.0424
60	6.4598	7.2543
65	6.5623	7.4702
70	6.6813	7.6885
75	6.8086	7.9407
80	7.0014	8.1699
85	7.1346	8.3077
90	7.3368	8.5694
95	7.5129	8.7404
100	7.7343	8.9662

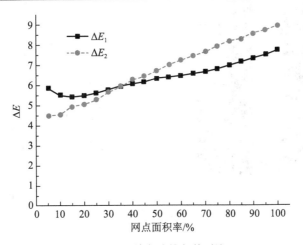

图 6-7 两种方法的色差对比

从表 6-5 和图 6-7 可以看出，在 0% ～ 100% 的网点面积率上，光辐射度计测量方法的色差在 5.4 ～ 7.8，荧光光谱仪测量方法的色差在 4.4 ～ 9.0，其中光辐射度计测量方法在较低网点面积率部分（0% ～ 35%）的色差高于荧光光谱仪，但是在中高阶调部分，光辐射度计测量方法又明显低于荧光光谱仪，是测量荧光色块的较好选择。

3. 荧光喷墨油墨在不同承印物上的色彩评价

（1）光物理性能

设计包含红、绿、蓝梯尺的测试文件，如图 6-8（a）所示，利用自主研发的单通道控制软件 epson7600test.exe 在蒙肯纸、道林纸、胶版纸和铜版纸四种纸张上进行输出，输出样张在紫外灯下的呈色如图 6-8（b）所示，使用荧光光谱仪（RF-5301PC，日本岛津）测量四种纸张上红、绿、蓝 100% 网点面积率色块的光谱数据，如图 6-9 和表 6-6 所示。

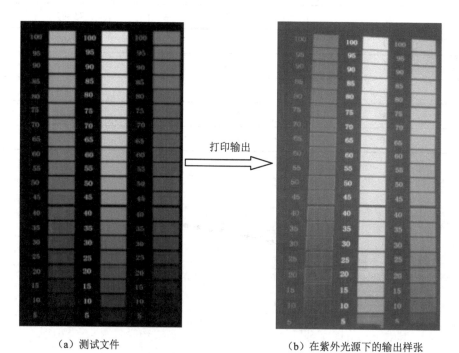

（a）测试文件　　　　　　　　　　（b）在紫外光源下的输出样张

图 6-8　梯尺测试文件（彩图 18）

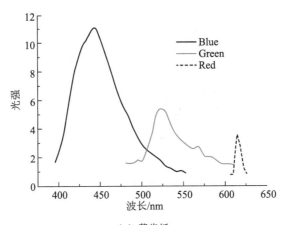

（a）蒙肯纸

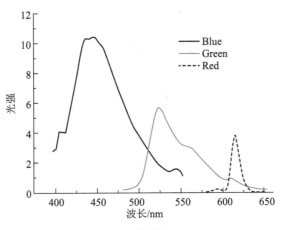

（b）道林纸

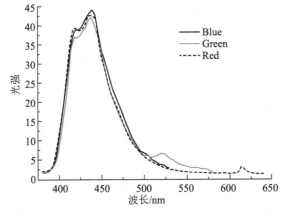

（c）胶版纸

图 6-9　输出样张上红、绿、蓝色荧光发光光谱

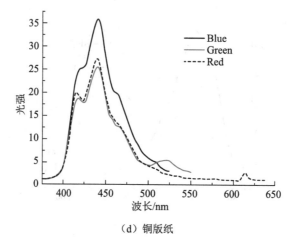

（d）铜版纸

图6-9　输出样张上红、绿、蓝色荧光发光光谱（续）

表6-6　样张上的光谱数据

纸张	红墨		绿墨		蓝墨	
	$\lambda_{max}FL^a$（nm）	相应荧光强度	$\lambda_{max}FL^a$（nm）	相应荧光强度	$\lambda_{max}FL^a$（nm）	相应荧光强度
蒙肯纸	614	3.61	522	5.41	443	11.06
道林纸	616	3.90	524	5.82	444	10.59
胶版纸	615	2.92	521	6.59	439	44.20
铜版纸	615	2.79	522	5.57	440	35.98

注：[a]最大吸收波长，测试条件：固体样张，室温。

　　图6-9为四种输出样张上红、绿、蓝三色的荧光发光光谱，可以明显看出，蒙肯纸和道林纸上三个颜色的光谱都为单峰，而胶版纸和铜版纸上的蓝色为单峰，红色和绿色都为双峰，除了本身颜色的主峰，还包含了光谱范围为380～500nm的蓝色光谱成分。表6-6表明，蒙肯纸上最大发射波长分别为：红色（614nm），绿色（522nm），蓝色（443nm）；道林纸上最大发射波长分别为：红色（616nm），绿色（524nm），蓝色（444nm）；胶版纸上最大发射波长分别为：红色（615nm），绿色（521nm），蓝色（439nm）；铜版纸上最大发射波长分别为：红色（615nm），绿色（522nm），蓝色（440nm）。四种纸张上的各颜色最大发射波长偏移量很小，均小于4nm，说明承印材料对三色荧光喷墨油墨的最大发射波长影响较小，但是对相应荧光强度有一定的影响，尤其是四种承印材料上蓝色荧光强度，胶版

纸（44.20）＞铜版纸（35.98）＞蒙肯纸（11.06）＞道林纸（10.59），这与胶版纸和铜版纸本身含有一定量的荧光增白剂有很大关系。而且，四种承印材料上都呈现出相同的荧光强度变化趋势，蓝色＞绿色＞红色，尤其是蓝色的荧光强度明显大于红色和绿色，这也是与承印材料本身荧光增白剂被激发后发蓝光相关。另外，从图6-9（a）和（b）可以看出，红色的波峰相对其他两色更为狭长，再现颜色的饱和度最高，其他两色的波峰比红色宽，但是荧光强度也主要集中在峰值附近，可以满足颜色再现的需要。

（2）色域分析

为了更好地说明红、绿、蓝三色荧光喷墨油墨能否满足色彩再现的需要，使用光辐射度计测量各样张上色块的颜色信息，做出色域图，与 sRGB 的色域进行比较，如图6-10所示。

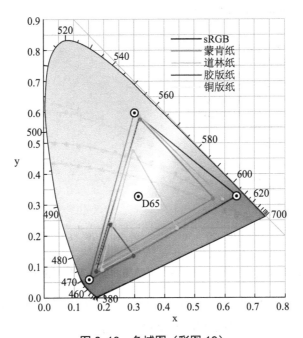

图 6-10　色域图（彩图 19）

从图6-10可以明显看出，蒙肯纸和道林纸上的红、绿、蓝三色油墨的色域基本接近 sRGB 的色域，可以再现丰富的颜色，铜版纸的色域相比 sRGB 小了近50%，蓝色附近的颜色接近 sRGB，但是红和绿范围内的颜色缺失较多，胶版纸的色域最小，缺失更多红和绿范围内的颜色。这与纸张本身的成分相关，蒙肯纸和道林纸不含任何荧光材料，呈色效果较好，而胶版纸和铜版纸都含有荧光增白剂，发出蓝紫光，较大地影响了荧光油墨红、绿范围内的呈色。因此，蒙肯纸和道林纸更适用于作为荧光油墨的承印材料。

（3）色彩再现

为了更好地说明红、绿、蓝三色荧光喷墨油墨在蒙肯纸和道林纸上的颜色再现，使用光辐射度计测量输出样张上每一个色块的颜色数据，分析在蒙肯纸和道林纸上红、绿、蓝三色荧光喷墨油墨的荧光积分面积与网点面积率的关系，如图 6-11 所示。其中荧光积分面积可以代表不同网点面积率的色块所包含光谱成分的总量，由图 6-9 可知蒙肯纸上红色积分范围为 580～650nm，绿色为 480～580nm，蓝色为 395～480nm，道林纸上红色积分范围为 600～650nm，绿色为 500～600nm，蓝色为 400～500nm。

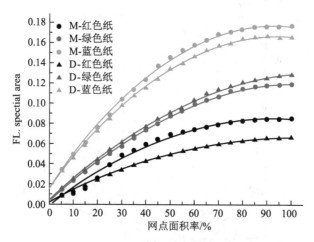

图 6-11　红、绿、蓝三色荧光喷墨油墨在蒙肯纸上的呈色

从图 6-11 可以明显看出蒙肯纸和道林纸上红、绿、蓝色油墨的积分面积在整个 0%～100% 的阶调上呈现出相同的差别，蓝色＞绿色＞红色。蓝色油墨的亮度随着网点百分比的增大而呈现出显著的增强，层次丰富，线性化较好，绿色次之，红色最小，尤其是在 50%～100% 的中亮调部分，积分面积变化不大，层次缺失严重。为了更好地表示三色油墨的光谱积分面积随网点面积率变化的情况，对图 6-11 中6 条曲线分别做曲线拟合，可得拟合曲线和相关系数 R^2，如表 6-7 所示。

表 6-7　曲线拟合

纸张类型	拟合曲线的方程	相关系数
蒙肯纸红	$y=0.00218+0.00124x-0.00000598732x^2$	$R^2=0.99802$
蒙肯纸绿	$y=0.00485+0.00221x-0.00000955885x^2$	$R^2=0.99828$
蒙肯纸蓝	$y=0.01681+0.00316x-0.0000166057x^2$	$R^2=0.99908$
道林纸红	$y=0.01681+0.00316x-0.0000166057x^2$	$R^2=0.99828$
道林纸绿	$y=0.00135+0.00224x-0.0000104765x^2$	$R^2=0.99918$
道林纸蓝	$y=0.00218+0.00124x-0.00000598732x^2$	$R^2=0.99962$

表 6-7 给出了相关系数 R^2，可以表示光谱积分面积与网点面积率的相关性，R^2 值越高，说明光谱含量与网点面积率的相关性越高，颜色层次再现越丰富。对于蒙肯纸和道林纸，蓝色＞绿色＞红色。与图 6-11 所表达的信息一致，蓝色油墨的光谱含量随网点面积率变化曲线的线性化较好，层次丰富，绿色次之，红色最差，层次匮乏，再现颜色层次少。蓝色油墨的光谱含量高与紫外光源的激发有一定的关系，另外与油墨中荧光材料的发光性能及油墨在承印材料上的印刷适性也有一定的关系。

4. 荧光喷墨油墨色光灰平衡计算及曲线验证

（1）蒙肯纸上色光灰平衡计算及曲线建立

利用 6.3.3.3 中蒙肯纸上所测色块的光谱数值，根据图 6-9 所得到红色的积分范围为 580～650nm，绿色为 480～580nm，蓝色为 395～480nm，再根据 6.3.2.2 色光灰平衡计算方法，首先计算出 5%-100% 阶调上 20 个不同网点面积率色块对应的光谱积分面积分量 A_{Rr}、A_{Gr}、A_{Br}、A_{Rg}、A_{Gg}、A_{Bg}、A_{Rb}、A_{Gb}、A_{Bb}，如表 6-8 所示，测量图 6-6 灰平衡梯尺各色块的光谱积分面积，如表 6-9 所示。

表 6-8　蒙肯纸上各色块的光谱数据

网点百分比 /%	A_{Rr}	A_{Gr}	A_{Br}	A_{Rg}	A_{Gg}	A_{Bg}	A_{Rb}	A_{Gb}	A_{Bb}
100	0.06686	0.00139	0.00097	0.00267	0.12874	0.00616	0.00516	0.00334	0.16558
95	0.06566	0.00123	0.00092	0.00259	0.12721	0.00606	0.00510	0.00331	0.16534
90	0.06523	0.00117	0.00090	0.00255	0.12471	0.00597	0.00507	0.00323	0.16721
85	0.06416	0.00116	0.00086	0.00242	0.12374	0.00592	0.00504	0.00320	0.16632
80	0.06311	0.00112	0.00083	0.00238	0.12193	0.00588	0.00503	0.00317	0.16544

网点百分比 /%	A_{Rr}	A_{Gr}	A_{Br}	A_{Rg}	A_{Gg}	A_{Bg}	A_{Rb}	A_{Gb}	A_{Bb}
75	0.06087	0.00108	0.00081	0.00226	0.11739	0.00589	0.00501	0.00309	0.16018
70	0.05913	0.00107	0.00077	0.00212	0.11478	0.00581	0.00501	0.00306	0.15830
65	0.05768	0.00105	0.00075	0.00208	0.11008	0.00579	0.00500	0.00301	0.15336
60	0.05528	0.00102	0.00069	0.00201	0.10451	0.00561	0.00499	0.00297	0.14713
55	0.05291	0.00101	0.00064	0.00198	0.09318	0.00557	0.00497	0.00293	0.13963
50	0.04929	0.00098	0.00063	0.00197	0.09120	0.00534	0.00495	0.00290	0.13466
45	0.04588	0.00096	0.00061	0.00192	0.08543	0.00523	0.00487	0.00286	0.12436
40	0.04197	0.00095	0.00056	0.00189	0.07721	0.00512	0.00482	0.00284	0.11507
35	0.03859	0.00093	0.00055	0.00182	0.06895	0.00505	0.00478	0.00279	0.10756
30	0.03422	0.00082	0.00043	0.00176	0.06168	0.00489	0.00471	0.00275	0.09753
25	0.02953	0.00082	0.00041	0.00171	0.05417	0.00456	0.00468	0.00271	0.08423
20	0.02382	0.00078	0.00040	0.00169	0.04483	0.00451	0.00465	0.00268	0.07175
15	0.01901	0.00076	0.00036	0.00163	0.03394	0.00427	0.00462	0.00262	0.05815
10	0.01420	0.00073	0.00035	0.00152	0.02581	0.00406	0.00455	0.00259	0.04608
5	0.00871	0.00071	0.00032	0.00113	0.01665	0.00397	0.00392	0.00256	0.03385
0	0.002002	0.00021	0.00011	0.00090	0.00651	0.00121	0.00189	0.00201	0.01903

表6-9 显示器灰平衡梯尺各色块的光谱数据

i	网点百分比 /%	A_{weri}	A_{wegi}	A_{webi}
1	100	0.09499	0.13944	0.19951
2	95	0.09151	0.12951	0.18314
3	90	0.08631	0.11855	0.16755
4	85	0.08077	0.10809	0.15319
5	80	0.07455	0.09702	0.13701
6	75	0.06936	0.08736	0.12335
7	70	0.06337	0.07709	0.10711
8	65	0.05852	0.06901	0.09461
9	60	0.05359	0.06033	0.08256
10	55	0.04816	0.05222	0.07108
11	50	0.04318	0.04495	0.06117

i	网点百分比 /%	A_{weri}	A_{wegi}	A_{webi}
12	45	0.03868	0.03914	0.05312
13	40	0.03301	0.03242	0.04338
14	35	0.02849	0.02688	0.03536
15	30	0.02472	0.02196	0.02854
16	25	0.02016	0.01709	0.02195
17	20	0.01566	0.01272	0.01611
18	15	0.01001	0.00782	0.00998
19	10	0.00503	0.00380	0.00469
20	5	0.00147	0.00099	0.00128
21	0	0.00059	0.00044	0.00013

从表6-9可以看出，显示器上各色块的红、绿、蓝分量不相等，与理想情况有所偏差，但是也可作为荧光喷墨油墨色光灰平衡的标准，将表6-8和6-9的数据代入式6-10，可求出各阶调的比例系数f_{Ri}、f_{Gi}、f_{Bi}，如表6-10所示。

表6-10 色光灰平衡各阶调的比例系数

i	网点百分比 /%	f_{Ri}	f_{Gi}	f_{Bi}
1	100	1.39902	1.00426	1.08436
2	95	1.37210	0.94493	0.99601
3	90	1.30819	0.85950	0.88493
4	85	1.24198	0.81275	0.83759
5	80	1.16579	0.74041	0.75207
6	75	1.12457	0.69245	0.68866
7	70	1.05775	0.62589	0.60303
8	65	1.00115	0.58358	0.54797
9	60	0.95660	0.53709	0.49632
10	55	0.89740	0.52011	0.44706
11	50	0.86375	0.45641	0.39590
12	45	0.83075	0.42260	0.36928
13	40	0.77437	0.38534	0.32164

i	网点百分比 /%	f_{Ri}	f_{Gi}	f_{Bi}
14	35	0.72599	0.35636	0.27654
15	30	0.71104	0.32330	0.24114
16	25	0.67074	0.28389	0.20829
17	20	0.64456	0.25052	0.16971
18	15	0.05141	0.01993	0.11945
19	10	0.34415	0.12408	0.06149
20	5	0.16214	0.48973	0.01668
21	0	0.28951	0.03818	0.00070

根据式 6-11 可以求出构成等价灰平衡所需的实际红、绿、蓝各色油墨的主光谱面积 A_{eri}、A_{egi}、A_{ebi}，如表 6-11 所示。

表 6-11 等价灰平衡各阶调的主光谱面积

i	网点百分比 /%	A_{eri}	A_{egi}	A_{ebi}
1	100	0.09354	0.12929	0.17955
2	95	0.09010	0.12020	0.16468
3	90	0.08533	0.10719	0.14797
4	85	0.07969	0.10057	0.13931
5	80	0.07357	0.09028	0.12442
6	75	0.06845	0.08129	0.11031
7	70	0.06255	0.07184	0.09546
8	65	0.05775	0.06424	0.08404
9	60	0.05288	0.05613	0.07302
10	55	0.04748	0.04846	0.06242
11	50	0.04257	0.04163	0.05331
12	45	0.03812	0.03610	0.04592
13	40	0.03250	0.02975	0.03701
14	35	0.02802	0.02457	0.02975
15	30	0.02433	0.01994	0.02352
16	25	0.01981	0.01538	0.01754
17	20	0.01535	0.01123	0.01218

i	网点百分比 /%	A_{eri}	A_{egi}	A_{ebi}
18	15	0.00098	0.00068	0.00695
19	10	0.00489	0.00320	0.00283
20	5	0.00141	0.00815	0.00057
21	0	0.00058	0.00025	0.00001

根据式 6-12 可以求出构成等价灰平衡对应的各阶调红、绿、蓝网点面积率 a_{eri}、a_{egi}、a_{ebi}，如表 6-12 和图 6-12 所示。

表 6-12 等价灰平衡各阶调所需红、绿、蓝油墨的网点面积率

i	网点百分比 /%	a_{eri}/%	a_{egi}/%	a_{ebi}/%
1	100	100.00	100.00	100.00
2	95	100.00	94.25	99.55
3	90	100.00	85.26	91.08
4	85	100.00	80.58	86.56
5	80	100.00	73.16	78.58
6	75	100.00	66.54	70.76
7	70	94.00	59.43	62.25
8	65	87.26	53.60	55.50
9	60	80.35	47.26	48.82
10	55	72.58	41.16	42.23
11	50	65.44	35.63	36.44
12	45	58.89	31.09	31.65
13	40	50.53	25.81	25.77
14	35	43.78	21.44	20.88
15	30	38.19	17.49	16.63
16	25	31.25	13.56	12.49
17	20	24.34	9.95	8.72
18	15	15.75	0.61	5.01
19	10	7.84	2.86	2.05
20	5	2.28	0.73	0.41
21	0	0.93	0.22	0.09

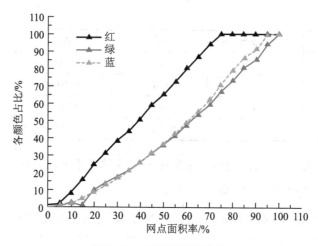

图 6-12　色光灰平衡曲线

　　从表 6-12 和图 6-12 可以看出，为了获得理想的色光灰平衡，需要对红、绿、蓝各分量进行网点面积率的调整，其中红色油墨需要调整较多，以补偿色域中红色部分的缺失，而绿和蓝需要比理想网点面积率更小的值，以调整绿和蓝色油墨光谱含量较多的现象，尤其是蓝色，因为紫外光源中含有较多蓝色光谱，在人眼观察样张时，会感觉蓝色成分较多，减少蓝色油墨的量会相应减少人眼最终对样张蓝色分量的感知，进而提高整体呈色效果 [21,22]。但是此灰平衡计算是以显示器为标准，如表 6-11 所示，蓝色分量也是明显高于红色和绿色，为了和其保持一致，所得出的色光灰平衡曲线中蓝色网点面积率的调整没有偏低过多，甚至在亮调部分略高于绿色网点面积率。

　　（2）道林纸上色光灰平衡计算及曲线建立

　　利用 6.3.3.3 中道林纸上所测色块的光谱数值，根据图 6-9 所得到红色的积分范围为 $600 \sim 650\text{nm}$，绿色为 $500 \sim 600\text{nm}$，蓝色为 $400 \sim 500\text{nm}$，再根据 6.3.2.2 色光灰平衡计算方法，首先计算出 $5\% \sim 100\%$ 阶调上 20 个不同网点面积率色块对应的光谱积分面积分量 A_{Rr}、A_{Gr}、A_{Br}、A_{Rg}、A_{Gg}、A_{Bg}、A_{Rb}、A_{Gb}、A_{Bb}，如表 6-13 所示。

表 6-13 道林纸上各色块的光谱数据

网点百分比 /%	A_{Rr}	A_{Gr}	A_{Br}	A_{Rg}	A_{Gg}	A_{Bg}	A_{Rb}	A_{Gb}	A_{Bb}
100	0.08604	0.00732	0.00221	0.00991	0.11838	0.01417	0.00245	0.00478	0.17702
95	0.08518	0.00731	0.00219	0.00988	0.11791	0.01378	0.00232	0.00452	0.17700
90	0.08497	0.00727	0.00207	0.00985	0.11770	0.01306	0.00207	0.00419	0.17671
85	0.08423	0.00718	0.00203	0.00917	0.11761	0.01236	0.00198	0.00387	0.17519
80	0.08301	0.00711	0.00201	0.00896	0.11557	0.01197	0.00173	0.00365	0.17392
75	0.08179	0.00709	0.00196	0.00883	0.11299	0.01151	0.00166	0.00308	0.17191
70	0.07921	0.00705	0.00194	0.00879	0.10672	0.01098	0.00142	0.00273	0.16916
65	0.07735	0.00701	0.00188	0.00802	0.10348	0.01082	0.00131	0.00261	0.16310
60	0.07409	0.00693	0.00186	0.00759	0.10011	0.00958	0.00110	0.00219	0.15859
55	0.07211	0.00692	0.00184	0.00721	0.09357	0.00931	0.00109	0.00193	0.15328
50	0.06954	0.00681	0.00176	0.00687	0.08757	0.00907	0.00101	0.00189	0.14606
45	0.06533	0.00652	0.00159	0.00653	0.07954	0.00889	0.00092	0.00171	0.13733
40	0.05938	0.00626	0.00135	0.00648	0.07322	0.00863	0.00083	0.00167	0.12376
35	0.05427	0.00609	0.00128	0.00582	0.06508	0.00737	0.00079	0.00159	0.11409
30	0.04898	0.00596	0.00119	0.00545	0.05785	0.00699	0.00072	0.00109	0.10378
25	0.03882	0.00585	0.00108	0.00496	0.04998	0.00532	0.00068	0.00093	0.08799
20	0.02637	0.00576	0.00102	0.00430	0.04029	0.00498	0.00065	0.00079	0.07577
15	0.01561	0.00521	0.00093	0.00389	0.03107	0.00450	0.00057	0.00062	0.06142
10	0.01082	0.00497	0.00082	0.00377	0.02373	0.00381	0.00042	0.00053	0.04902
5	0.00867	0.00411	0.00075	0.00202	0.01314	0.00245	0.00020	0.00021	0.03463
0	0.00201	0.00021	0.00011	0.00091	0.00371	0.00098	0.00009	0.00009	0.01864

将表 6-13 和 6-9 的数据代入式 6-10，可求出各阶调的比例系数 f_{Ri}、f_{Gi}、f_{Bi}，如表 6-14 所示。

表 6-14　色光灰平衡各阶调的比例系数

i	网点百分比 /%	f_{Ri}	f_{Gi}	f_{Bi}
1	100	1.03531	0.96202	1.05978
2	95	1.00731	0.89827	0.97583
3	90	0.95297	0.82711	0.89876
4	85	0.89972	0.76354	0.83122
5	80	0.84215	0.69939	0.75165
6	75	0.79453	0.64538	0.68757
7	70	0.74713	0.60239	0.60908
8	65	0.70514	0.55984	0.55863
9	60	0.67273	0.50999	0.50376
10	55	0.61819	0.47360	0.44912
11	50	0.57271	0.43567	0.40552
12	45	0.54440	0.41599	0.37477
13	40	0.51058	0.36851	0.33936
14	35	0.47801	0.34692	0.29946
15	30	0.45571	0.31663	0.26704
16	25	0.46284	0.28297	0.24172
17	20	0.51872	0.25076	0.20473
18	15	0.55518	0.17979	0.15505
19	10	0.39621	0.10072	0.09117
20	5	0.12576	0.05715	0.03589
21	0	0.28337	0.06088	0.00659

　　根据式 6-11 可以求出构成等价灰平衡所需要的实际红、绿、蓝各色油墨的主光谱面积 A_{eri}、A_{egi}、A_{ebi}，如表 6-15 所示。

表 6-15　等价灰平衡各阶调的主光谱面积

i	网点百分比 /%	A_{weri}	A_{wegi}	A_{webi}
1	100	0.08908	0.11388	0.18760
2	95	0.08580	0.10592	0.17272
3	90	0.08097	0.09735	0.15882
4	85	0.07578	0.08980	0.14562
5	80	0.06991	0.08083	0.13073
6	75	0.06498	0.07292	0.11820
7	70	0.05918	0.06429	0.10303
8	65	0.05454	0.05793	0.09111
9	60	0.04984	0.05106	0.07989
10	55	0.04458	0.04432	0.06884
11	50	0.03983	0.03815	0.05923
12	45	0.03557	0.03309	0.05147
13	40	0.03032	0.02698	0.04200
14	35	0.02594	0.02258	0.03417
15	30	0.02232	0.01832	0.02771
16	25	0.01797	0.01414	0.02127
17	20	0.01368	0.01010	0.01551
18	15	0.00867	0.00559	0.00952
19	10	0.00429	0.00239	0.00447
20	5	0.00109	0.00075	0.00124
21	0	0.00057	0.00023	0.00012

根据式 6-12 可以求出构成等价灰平衡对应的各阶调红、绿、蓝网点面积率 a_{eri}、a_{egi}、a_{ebi}，如表 6-16 和图 6-13 所示。

表 6-16　等价灰平衡各阶调所需红、绿、蓝油墨的网点面积率

i	网点百分比 /%	a_{eri} /%	a_{egi} /%	a_{ebi} /%
1	100	100.00	96.68	100.00
2	95	99.75	90.71	98.02
3	90	94.64	84.17	91.49
4	85	89.09	78.29	85.10
5	80	82.73	71.18	77.65
6	75	77.32	64.78	71.18
7	70	70.88	57.67	63.09
8	65	65.67	52.34	56.53
9	60	60.33	46.49	50.19
10	55	54.28	40.66	43.79
11	50	48.75	35.25	38.08
12	45	43.75	30.75	33.38
13	40	37.52	25.25	27.54
14	35	32.26	21.23	22.60
15	30	27.87	17.31	18.47
16	25	22.55	13.43	14.28
17	20	17.25	9.64	10.48
18	15	10.99	5.36	6.48
19	10	5.47	2.30	3.06
20	5	1.40	0.72	0.85
21	0	0.73	0.22	0.08

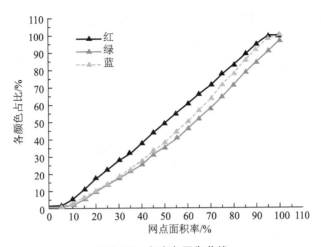

图 6-13　色光灰平衡曲线

从表 6-16 和图 6-13 可以看出，为了获得理想的色光灰平衡，需要对红、绿、蓝各分量进行网点面积率的调整，明显看出，红色油墨网点面积率的调整大于蓝色和绿色，但是相对图 6-12 蒙肯纸的红墨调整却小很多，说明道林纸上呈现的红色比蒙肯纸更接近显示器的标准。而蓝色的调整明显高于绿色，尤其是在亮调部分。

（3）曲线调用及验证

根据表 6-12 和表 6-16 的数据在 photoshop（取代 CMY 的网点面积率）中画出色块，接着分通道保存为 R.tif、G.tif、B.tif，使用自主研发的单通道控制软件 epson7600test. exe 和网点并列加网分色软件 rgbhalftone.exe，控制打印机 CMY 通道输出 RGB 荧光喷墨油墨，所得样张即为色光灰平衡色块，如图 6-14 所示。

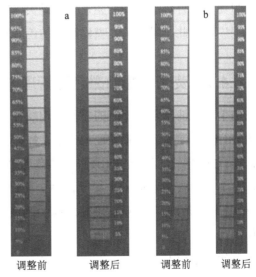

图 6-14　色光灰平衡校正（a）蒙肯纸和（b）道林纸

因需要在紫外光源下进行拍照，故图 6-14 未能体现出真实效果，但是也可以看出蒙肯纸和道林纸上，色光灰平衡在调整前 0% ～ 100% 整体阶调都偏白，层次区分不明显，但是在调用灰平衡曲线后，暗调部分的层次更清晰。

6.4　色彩管理

20 世纪 80 年代初，颜色科学家越来越关注颜色保真问题。色彩管理系统（Color Management System，CMS）可以帮助印刷工作者实现跨媒体颜色的真实复制，解决不同设备、材料之间在转换过程中色彩变化的问题，在保证颜色变化最小的前提下，实现颜色从一个颜色空间到另一个颜色空间的转换 [23]。

虽然色彩管理方法主要针对设备进行色彩控制，但是如果固定一台设备，也可以进行不同印刷材料的色彩管理工作，如纸张、油墨、印版等。对于普通油墨的色彩管理，从印刷、色块信息采集、ICC 文件建立、调用 ICC 文件再次进行印刷以及色彩管理效果评价，都已经有完善的软件和方法，这些对于荧光油墨的色彩管理都不再适用。要想进行荧光油墨的色彩管理，必须重新制定测试方法和标准。目前国内外对于荧光油墨，尤其是荧光喷墨油墨彩色图像的需求很大，应用领域很广，因此，研究荧光喷墨油墨的色彩管理方法迫在眉睫。

6.4.1　荧光喷墨油墨色彩管理方法

由于荧光油墨没有相应的色彩管理软件，只能利用现有色彩管理软件和测量手段进行荧光油墨的色彩管理。选用了打印机和显示器两种模式分别进行色彩管理，其中打印机选用的是 RGB 模式的色标 TC2.83，显示器的显示原理是根据红、绿、蓝荧光粉被激发而发光 [24-26]，与荧光油墨的发光原理相似，选用其 LCD 用色标进行色彩管理（此色标没有对应的图像文件，需要在 photoshop 中画出每个色块）。

具体步骤如下：

（1）使用 EPSON7600 和三色荧光喷墨油墨输出色标（打印机 TC2.83 或显示器 LCD 用色标）。

（2）使用 PR-655 光辐射度计（PhotoResearch）测量紫外光源的光谱数据，并作为测量光源的数据导入系统，在测试时选择此光源数据作为测量光源，测量每一个色块的颜色数据，包括 XYZ 值和光谱数据。

（3）利用公式 6-2 将每一个色块的 XYZ 值转换成 Lab 值，其中式中的 X_n、Y_n、Z_n 为紫外光源的 XYZ 值。

（4）打开 ProfileMaker 软件，选择打印机模式如图 6-15 所示，在 Reference Data 中选择色标文件，在 Measurement Data 中选择（3）中所测打印样张上每一个色块的 Lab 值，点击 Start 即可生成 ICC 文件。

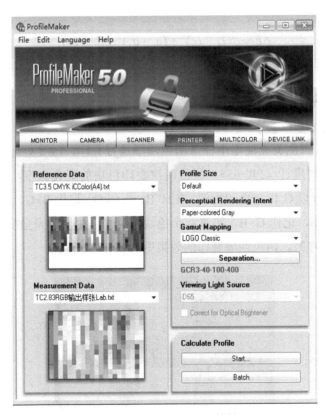

图 6-15　ProfileMaker 软件

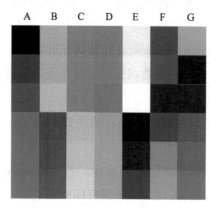

图 6-16　42 个色块（彩图 20）

（5）验证 ICC 文件精度：在 photoshop 中 sRGB 模式下画出 42 个色块，如图 6-16 所示，并记录每个色块的 Lab 值，记为 $L_0a_0b_0$。调用（4）中所生成的 ICC 文件后输出样张，使用 PR-655 光辐射度计（PhotoResearch）测量样张上每一个色块的 XYZ 值，并根据公式 6-2 转换成 Lab 值，记作 $L_1a_1b_1$。根据色差计算公式 6-13，计算输出样张的色差 ΔE 分析所生成 ICC 文件的精度，ΔE 越小，所生成的 ICC 文件精度越高，反之，越差。

$$\Delta E = \sqrt{(L_1 - L_0)^2 + (a_1 - a_0)^2 + (b_1 - b_0)^2} \qquad (6\text{-}13)$$

6.4.2　叠印色序

1. 两色油墨叠印色序

选用 RGB 三色荧光油墨中任意两色油墨进行叠印，改变叠印色序，再次叠印，用光谱辐射度计（PR-655）测量两次叠印色块的荧光强度，获得这两色油墨的叠印色序（以 G 和 B 叠印为例，先印 B，再印 G，记作 B+G，改变印刷色序，先印 G，再印 B，记作 G+B，测量两个色块的荧光强度，荧光强度较高的即为 G 和 B 的叠印色序）。两色油墨叠印的效果图如图 6-17 所示。

图 6-17　两色油墨叠印效果图（彩图 21）

红色荧光油墨和绿色荧光油墨叠印，改变叠印色序后的光谱强度如图 6-18 所示。

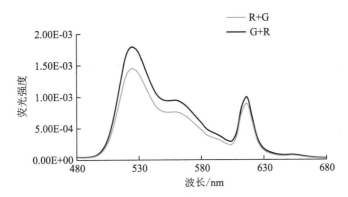

图 6-18 R、G 两色油墨叠印光谱强度图

从图 6-18 可以明显看出，G+R 的荧光强度明显大于 R+G，再计算从蓝光到红光（396～600nm）波长范围内，两条曲线的光谱积分面积。结果如下：G+R（0.1653）＞ R+G（0.1399）。由此可以确定，红色荧光油墨和绿色荧光油墨叠印色序为：先印绿色，再印红色。

红色荧光油墨和蓝色荧光油墨叠印，改变叠印色序后的光谱强度如图 6-19 所示。

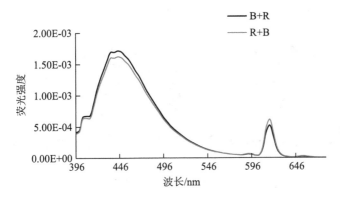

图 6-19 B、R 两色油墨叠印光谱强度图

从图 6-19 可以看出，B+R 的荧光强度略大于 R+B，通过计算光谱积分面积进行比较，结果如下：B+R（0.1820）＞ R+B（0.1754）。由此可以确定红色荧

光油墨和蓝色荧光油墨叠印色序为：先印蓝色，再印红色。

蓝色荧光油墨和绿色荧光油墨叠印，改变叠印色序后的光谱强度如图6-20所示。

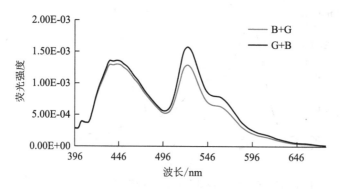

图6-20 B、G两色油墨叠印光谱强度图

从图6-20可以明显看出，G+B的荧光强度明显大于B+G，再计算两条曲线的光谱积分面积。结果如下：G+B（0.2136）>B+G（0.1920）。由此可以确定蓝色荧光油墨和绿色荧光油墨叠印色序为：先印绿色，再印蓝色。

2. 三色油墨叠印色序

选用RGB三色荧光油墨进行叠印，改变叠印色序，再次叠印，一共得到6个叠印色块，用PR-655光谱辐射度计测量三次叠印色块的荧光强度，获得RGB三色荧光油墨的叠印色序。三色油墨叠印效果如图6-21所示。

（a）　　　　　　　　　　　　　　　　　　　（b）

图6-21 三色油墨叠印效果图（彩图22）

红、绿、蓝三色荧光油墨叠印，改变叠印色序后的光谱强度如图6-22所示。

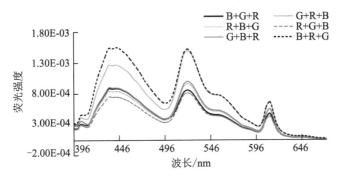

图 6-22　R、G、B 三色油墨叠印光谱强度图

从图 6-22 可以明显看出，B+R+G 的荧光强度大于其他几种叠印色序的荧光强度，再计算从蓝光到红光（396 ～ 600nm）波长范围内，六条曲线的光谱积分面积，结果如表 6-17 所示。

表 6-17　R、G、B 三色油墨叠印光谱积分面积

叠印色序	光谱积分面积
B+G+R	0.134205
G+R+B	0.134967
R+B+G	0.150223
R+G+B	0.121140
G+B+R	0.207733
B+R+G	0.227533

由此可以确定红、绿、蓝三色荧光油墨叠印色序为：先印蓝色，再印红色，最后印绿色。

3. 红色印刷次数的确定

根据前述的实验结果及实验数据分析可知：红色荧光油墨比其他两色荧光油墨的光谱强度较弱，在不改变供墨量和控制输墨通道的前提下，为了使图像中红色部分不偏色，发光强度与其他两色相近，可以通过增加红墨的打印次数来提高其荧光强度。具体的印刷次数应通过比较印刷不同次数红墨的色域大小、荧光强度高低、图像实际颜色来确定。随着红色荧光油墨印刷次数的增加，色域逐渐增大，增量（增大的趋势）逐渐减小，当红色荧光油墨印刷四次时，色域与印刷三

次红色荧光油墨的色域相比，增大的趋势已不明显。

印刷不同次数红墨的实地红色色块，其光谱强度如图 6-23 所示。

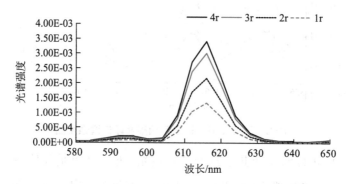

图 6-23　印刷不同次数红墨实地红色色块光谱强度

从图 6-23 可以明显看出，随着红色荧光油墨印刷次数的增加，荧光强度逐渐增大，但增量呈现出逐渐减小的趋势，当红色荧光油墨印刷四次时，荧光强度与印刷三次红色荧光油墨的荧光强度相比，增量已不明显。这与前面的色域分析的结论相吻合。此外，当红墨打印四次时，样张的颜色已经偏红。综上所述，红色荧光油墨最佳的印刷次数为 3 次，即在证券纸上印刷 3 次红墨，其色域可以满足色彩管理的要求，能保证足够的荧光强度，最大限度地还原色彩。

6.4.3　白点的确定

由于是在紫外光源下进行观察，所以白点的选择对色彩管理有重要的影响。在前期实验的基础上，分别选择以下 3 种白点作为参考白点：

（1）选用较为标准的显示器 QUATO 中的白场作为参考白点，记为显示器白点。

（2）选用 RGB 三色紫外荧光喷墨油墨叠印白（其中红色荧光油墨打印两次）作为参考白点，记为 2r1g1b。

（3）选用 RGB 三色紫外荧光喷墨油墨叠印白（其中红色荧光油墨打印三次）作为参考白点，记为 3r1g1b。

利用 6.4.1 的实验方法，使用 EPSON7600 和荧光喷墨油墨在关闭色彩管理模式下输出图 6-16 中的色标，利用 PR-655 光辐射度计测量样张上每个色块的

LAB 值，并在 Profilemaker 中利用打印机模式生成 ICC 文件，记为 ICC1。

将图6-16中的42个色块通过调用ICC1后进行输出，测量每个色块的*LAB*值，记作 $L_1A_1B_1$。利用公式 6-13 分别计算出与显示器上色块的色差 ΔE_1，ΔE_0 为未做色彩管理模式下的色差，将 ΔE_0 与 ΔE_1 的差值作图。

依次调用依据三种白点生成的 ICC 特性文件后，分别调用后输出样张，计算色差后与未做色彩管理的色差作差如图 6-24 所示。

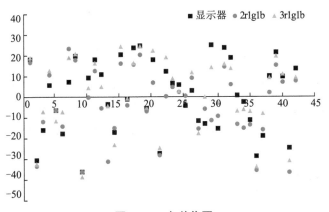

图 6-24　色差作图

由上图可以看出，当选择显示器白场作为参考白点时，色差小于未做色彩管理样张的色块数目最多，为 23 个，占总色块数目的 55%；当选择 3r1g1b 叠印白作为参考白点时，色差小于未做色彩管理样张的色块数目较多，为 22 个，占总色块数目的 52%；当选择 2r1g1b 叠印白作为参考白点时，色差小于未做色彩管理样张的色块数目最少，为 20 个，占总色块数目的 48%。因此，选用显示器白场作为参考白点，效果最好。

6.4.4　不同意图的影响

在调用 ICC 配置文件时，有两种调用方式：指定配置文件和转换为配置文件。转换为配置文件时，有四种颜色再现意图：可感知、饱和度、相对比色和绝对比色。选用显示器白场作为参考白点，测量 TC 2.83 RGB 打印样张色块的 LAB 值。计算色差，如图 6-25 所示。

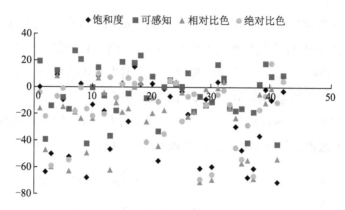

图 6-25　四种颜色再现意图色差差值图

从图 6-25 可以看出，当颜色再现意图为可感知时，色差小于未做色彩管理样张的色块数目最多，效果最好。选用图 6-26 直接输出，如图 6-27 所示，改变颜色再现意图，分别输出样张与未进行色彩管理的样张对比，如图 6-28 所示。

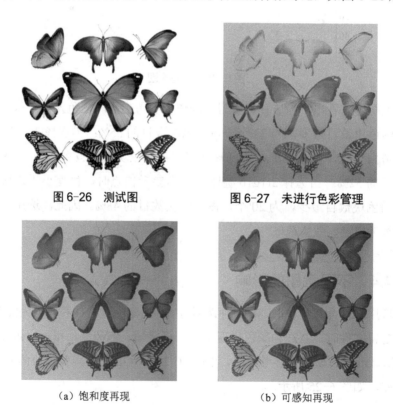

图 6-26　测试图　　　　　　　图 6-27　未进行色彩管理

（a）饱和度再现　　　　　　　（b）可感知再现

图 6-28　颜色再现意图

（c）相对比色再现　　　　　　　　　　（d）绝对比色再现

图 6-28　颜色再现意图（续）（彩图 23）

由上面几幅图可以看出，未做色彩管理时，输出样张图像偏色严重，整体偏蓝，红色等暖色调缺失严重，在以四种颜色再现意图输出样张后，图像的颜色均得到明显改善，红色、黄色得到补偿，蓝色、绿色也得以校正；对四种颜色再现意图输出的样张进行比较，其中，相对比色和绝对比色，与未进行色彩管理的样张比较，颜色显著改善，但是与原稿相比，图像整体偏红；饱和度再现和可感知再现，与原稿的颜色更为接近，其中可感知再现的样张与原稿颜色最为接近，蓝色得到校正，红色得到补偿，但仍与原稿略有差异，进行多次色彩管理优化后，即可达到"所见即所得"，最大限度地实现色彩还原。

直观的视觉感觉与测量结果吻合：在选用显示器白场作为参考白点时，颜色再现意图为可感知再现进行色彩管理的效果最佳。

6.4.5　色彩管理的应用

1. 基于打印机模式 ICC 文件的生成及验证

按照 6.4.1 的色彩管理方法，在打印机模式下进行荧光喷墨油墨的色彩管理，选用的是打印机 TC2.83 色标，包含 294 个色块，如图 6-29 所示。

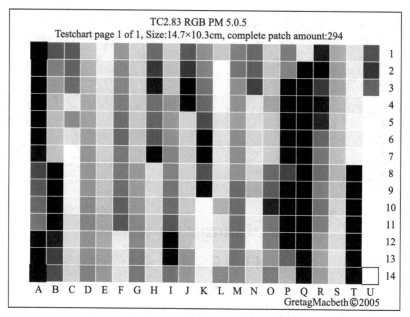

图 6-29　打印机 TC2.83 色标（彩图 24）

使用 EPSON7600 和荧光喷墨油墨在关闭色彩管理模式下输出图 6-29 中的色标，利用 PR-655 光辐射度计（PhotoResearch）测量样张上每个色块的 *XYZ* 值，利用式 6-2 转成 *Lab* 值。在 ProfileMaker 中利用打印机模式生成 ICC 文件，记为 ICC2。

将图 6-16 中的 42 个色块调用 ICC2 后进行输出，测量每个色块的 *XYZ* 值，利用式 6-2 转成 *Lab* 值，记作 $L_2a_2b_2$。利用式 6-13 计算出色差 ΔE_2，ΔE_0 为未做色彩管理模式下的色差，如表 6-18 所示。并将 ΔE_0 与 ΔE_2 的差值做图，如图 6-30 所示。

表 6-18　ICC 文件 2 的精度

色块	ΔE_0	ΔE_2
A1	24.12967	16.76526
A2	26.75757	21.16857
A3	22.76303	17.18795
A4	24.49944	16.76619
A5	28.09838	27.92870

色块	ΔE_0	ΔE_2
A6	32.61381	30.71665
B1	37.54314	34.45931
B2	43.61174	39.00935
B3	20.44739	17.89962
B4	23.98239	17.42415
B5	29.63771	19.30363
B6	36.95424	23.70753
C1	44.48111	29.70224
C2	52.40219	35.93276
C3	60.55139	42.99576
C4	29.28011	22.50186
C5	42.88414	35.72395
C6	49.44567	41.48056
D1	56.60878	48.55265
D2	52.56859	33.14285
D3	45.15091	36.38828
D4	36.41472	28.52969
D5	43.68152	34.75825
D6	49.60776	38.64863
E1	31.42645	25.17620
E2	40.90825	38.59626
E3	28.97243	27.99410
E4	31.50224	29.18313
E5	42.92175	37.06260
E6	31.17560	26.19193
F1	51.20480	49.02492
F2	39.40523	39.28922
F3	43.27359	41.10649
F4	51.55499	46.45238
F5	62.49085	56.27514

续表

色块	ΔE_0	ΔE_2
F6	68.17547	60.34190
G1	51.94717	41.83535
G2	24.85843	28.02662
G3	22.88858	18.92744
G4	35.41415	27.56435
G5	14.69608	8.97177
G6	47.08970	38.61132

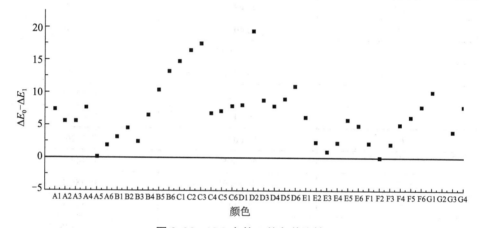

图 6-30　ICC 文件 1 的色差比较

从表 6-18 和图 6-30 可以看出，ICC 文件的调用对荧光喷墨油墨的颜色有所改善，在 42 个测试色块中，仅有一个色块的色差大于未做色彩管理的输出样张，其余 41 个的色差都明显小于未做色彩管理的输出样张，有一个色块相比未作色彩管理样张的色差小了约 20，颜色得到明显改善，说明 ICC2 文件具有一定的效果，但是整体色差值都大于普通油墨的色差基本要求，需要进行多次色彩管理以减小色差，提高 ICC 文件的精度。

2. 基于显示器模式 ICC 文件的生成及验证

按照 6.4.1 色彩管理方法，在显示器模式下进行荧光喷墨油墨的色彩管理，选用的是显示器 LCD 色标，包含 99 个色块，由于没有图片文件，在 photoshop 中画出相应色块，如图 6-31 所示。

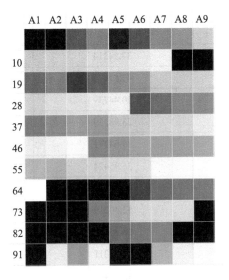

图 6-31　显示器 LCD 色标（彩图 25）

使用 EPSON7600 和荧光喷墨油墨在关闭色彩管理模式下输出图 6-31 中的色标，利用 PR-655 光辐射度计（PhotoResearch）测量样张上每个色块的 *XYZ* 值，利用公式 6-2 转成 *Lab* 值，在 ProfileMaker 中利用打印机模式生成 ICC 文件，记为 ICC3。

将图 6-16 中的 42 个色块调用 ICC3 后进行输出，测量每个色块的 *XYZ* 值，利用公式 6-2 转成 *Lab* 值，记作 $L_3a_3b_3$。利用公式 6-13 计算出色差 ΔE_3，ΔE_0 为未做色彩管理模式下的色差，如表 6-19 所示。并将 ΔE_0 与 ΔE_3 的差值做图，如图 6-32 所示。

表 6-19　ICC 文件 2 的精度

色块	ΔE_0	ΔE_2
A1	24.12967	15.56781
A2	26.75757	18.98117
A3	22.76303	27.54849
A4	24.49944	50.13667
A5	28.09838	27.12002
A6	32.61381	28.09853

色块	ΔE_0	ΔE_2
B1	37.54314	24.96439
B2	43.61174	54.84602
B3	20.44739	10.52544
B4	23.98239	33.85069
B5	29.63771	23.67035
B6	36.95424	21.56108
C1	44.48111	33.77027
C2	52.40219	60.81137
C3	60.55139	53.09637
C4	29.28011	35.62421
C5	42.88414	29.33382
C6	49.44567	23.45988
D1	56.60878	23.79518
D2	52.56859	47.68147
D3	45.15091	20.52037
D4	36.41472	21.50964
D5	43.68152	21.85572
D6	49.60776	52.42845
E1	31.42645	30.10942
E2	40.90825	45.16495
E3	28.97243	30.31692
E4	31.50224	30.02326
E5	42.92175	54.87194
E6	31.17560	75.31749
F1	51.20480	66.31236
F2	39.40523	53.50545
F3	43.27359	30.66304
F4	51.55499	31.48709
F5	62.49085	12.71205
F6	68.17547	45.45901

续表

色块	ΔE_0	ΔE_2
G1	51.94717	15.79965
G2	24.85843	21.68651
G3	22.88858	14.79850
G4	35.41415	48.66718
G5	14.69608	25.26606
G6	47.08970	41.21829

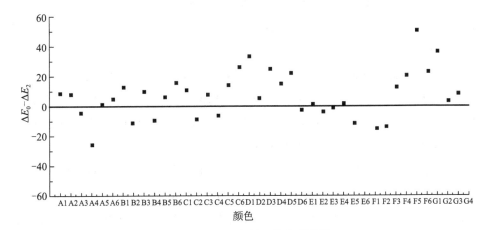

图 6-32　ICC 文件 2 的色差比较

从表 6-19 和图 6-32 可以看出，色差比较值有 13 个在零以下，即在 ICC3 调用后，42 个色块中有 12 个色块的色差大于未做色彩管理的，颜色没有得到改善，相比 ICC2 的调用效果较差，可能由于显示器的显示原理与荧光喷墨油墨的呈色原理有所不同，其色彩管理方法[27] 在荧光喷墨油墨的适用性上不如打印机模式。

6.5　小结

本部分自主研发了打印机单通道控制软件，实现了荧光喷墨油墨样张的输出，并对荧光喷墨油墨样张颜色的测试方法进行对比，分析了荧光喷墨油墨在不同承印材料上的色彩再现，建立了适用于荧光喷墨油墨的色光灰平衡曲线和色彩管理方法，具体结论如下：

（1）蒙肯纸和道林纸上三个颜色的光谱都为单峰，而胶版纸和铜版纸上的蓝色为单峰，红色和绿色都为双峰，除了本身颜色的主峰，还包含了光谱范围为 380～500nm 的蓝色光谱成分；承印材料对三色荧光喷墨油墨的最大发射波长影响较小，但是对相应荧光强度有一定的影响，尤其是四种承印材料上蓝色荧光强度，胶版纸（44.20）＞铜版纸（35.98）＞蒙肯纸（11.06）＞道林纸（10.59）；四种承印材料上都呈现出相同的荧光强度变化趋势，蓝色＞绿色＞红色，尤其是蓝色的荧光强度明显大于红色和绿色；红色的波峰相对其他两色更为狭长，再现颜色的饱和度最高。

（2）光辐射度计测量方法的色差在 5.4～7.8，荧光光谱仪测量方法的色差在 4.4～9.0，其中光辐射度计测试方法在较低网点面积率部分（0%～35%）的测量色差高于荧光光谱仪，但是在中高阶调部分，光辐射度计测量方法又明显低于荧光光谱仪，更适用于荧光颜色测试。

（3）蒙肯纸和道林纸上的红、绿、蓝三色油墨的色域接近 sRGB 的色域，可以再现丰富颜色，铜版纸的色域相比 sRGB 小了近 50%，其中蓝色附近的颜色接近 sRGB，但是红和绿范围内的颜色缺失较多，胶版纸的色域最小，缺失更多红和绿范围内的颜色。

（4）对于蒙肯纸和道林纸，蓝色油墨的光谱含量随网点面积率变化曲线的线性化较好，层次丰富，绿色次之，红色最差，层次匮乏，再现颜色层次少。

（5）以光谱曲线积分面积叠加原理为基础的色光灰平衡计算方法适用于荧光喷墨油墨，在蒙肯纸和道林纸上所获得的灰平衡曲线表明需要对红、绿、蓝各分量进行网点面积率的调整，其中红色油墨需要调整较多，以补偿色域中红色部分的缺失，而绿和蓝需要比理想网点面积率更小的值，以调整绿和蓝色油墨光谱含量较多的现象，并且在调用色光灰平衡曲线后，色光灰平衡色块暗调部分的层次更清晰。

（6）红、绿、蓝三色荧光油墨叠印色序为：先印蓝色，再印红色，最后印绿色。由于红色荧光强度弱，故在印刷时可打印 2～3 次红色油墨会使图像更清晰。在选用显示器白场作为参考白点时，颜色再现意图为可感知再现进行色彩管理的效果最佳。

（7）基于打印机模式的 TC2.83RGB 色标适用于荧光喷墨油墨，所生成的 ICC 文件 1 的调用对荧光喷墨油墨的颜色有所改善，在 42 个测试色块中，仅有一个色块的色差大于未做色彩管理的输出样张，但是整体色差值都大于普通油墨的色差基本要求，需要进行多次色彩管理以减小色差；基于显示器模式的 LCD 色标也适用于荧光喷墨油墨，但是其所生成的 ICC 文件 2 调用后，42 个色块中有 12 个色块的色差大于未做色彩管理的，颜色没有得到改善，相比 ICC 文件 1 的调用效果较差。

参考文献

[1] Wei X F, Gao S H, Huang B Q, et al. Research on the Imaging Mechanism of Additive Color of Fluorescent Ink-jet Ink[J]. Applied Mechanics and Materials, 2013, 262: 22–26.

[2] 庞多益. 加色法与减色法的辨析 [J]. 印刷杂志, 1994(1): 9–12.

[3] 洪亮. 色光加色法效果图制作探讨 [J]. 印刷世界, 2010(4): 24–27.

[4] Guan F L, Zhang L Y, Li Y H. Color Management for Enhancing the Performance of Superfine Nylon Ink Jet Printing with Reactive Dyes Inks[J]. COLOR RESEARCH AND APPLICATION, 2017, 42(3): 346–351.

[5] Poynton C. COLOR REPRODUCTION IN ELECTRONIC IMAGING SYSTEMS: PHOTOGRAPHY TELEVISION CINEMATOGRAPHY[J]. COLOR RESEARCH AND APPLICATION, 2017, 42(3): 397–398.

[6] 王海文, 李杰, 万晓霞, 等. 基于光谱的印刷颜色复制技术研究 [J]. 包装工程, 2008, 29(4): 40–42.

[7] 杨卫平, 赵达尊, 范秋梅, 等. 基于色貌的跨媒体颜色复制 [J]. 光学技术, 2005, 31(1): 101–103.

[8] 孟庆峰. 油墨渗透下荧光半色调印刷品的色彩预测模型 [D]. 无锡: 江南大学, 2008.

[9] Hersch R D, Douzé P, Chosson S. Color Images Visible under UV Light[C]. International Conference on Computer Graphics and Interactive Techniques, August 5, 2007, United States.

[10] Rogers G L. Spectral Model of a Fluorescent Ink Halftone[J]. Journal of the Optical Society of America, 2000, 17(11): 1975–1981.

[11] 刘浩学, 武兵, 徐艳芳 [M]. 印刷色彩学 [M]. 北京: 中国轻工业出版社, 2008.

[12] Arney J S, Engeldrum P G, Zeng H. An Expanded Murray-Davies Model of Tone Reproduction in Halftone Imaging[J]. Journal of Imaging Science and Technology, 1995, 39: 502–508.

[13] Yule J A C, Nielsen W J. The Penetration of Light into Paper and Its Effect on Halftone

Reproductions[J].TAGA Proc, 1951, 3: 65-76.

[14] Clapper F, Yuk J. The Effect of Multiple Internal Reflections on the Densities of Halftone Prints on Paper, Journal of the optical Society of America[J]. 1953, 43: 600-603.

[15] 孟庆峰 . 油墨渗透下荧光半色调印刷品的色彩预测模型 [D]. 江苏 : 江南大学 , 2008.

[16] 张逸新 , 杜艳君 . 半色调荧光图像的光谱反射与透射模型 [J]. 光学学报 , 2007, 27(2): 365-370.

[17] Oosterhout V, Theiss G, Wolfgang. Spectral Color Prediction by Advanced Physical Modelling of Toner, Ink and Paper, with Application to Halftoned Prints[C]. International Conference on Digital Printing Technologies, 2003, 797-802.

[18] Coudray, Mark A. Boosting Process-color Ink Gamut with Fluorescents[J]. Screen Printing, 2004, 94(6): 28-32.

[19] Tritton K. 印刷色彩控制手册 [M]. 北京 : 印刷工业出版社 , 2006.

[20] 胡成发 . 印刷色彩与色度学 [M], 北京 : 印刷工业出版社 , 1993.

[21] Gonome H, Ishikawa Y K, Takahiro K, et al. Radiative Transfer Analysis of the Effect of Ink Dot Area on Color Phase in Inkjet Printing[J]. Journal of Quantitative Spectroscopy&Radiative Transfer, 2017, 194: 17-23.

[22] Montorsi M, Mugoni C, Passalacqua A, et al. Improvement of Color Quality and Reduction of Defects in the Inkjet-printing Technology for Ceramic Tiles Production: A Design of Experiments Study[J]. Ceramics International, 2016, 42: 1459-1469.

[23] 徐艳芳 . 色彩管理原理与应用 [M]. 北京 : 印刷工业出版社 , 2011.

[24] 刘浩学 . 色彩管理技术的应用与发展 [J]. 北京印刷学院学报 , 2006(5): 1-5.

[25] Li X W. Research on Color Space Conversion Model for Color CRT Monitor between RGB and XYZ Color Space[J]. Journal of Computational Information Systems, 2009, 4(5): 1109-1115.

[26] Kim D C, Jang I S, Son C H, et al. Adaptive Color Reproduction Method to Various Users' Monitor Environment in Color Printer[J]. The International Society for Optical Engineering, 2010, 7528.

[27] Zhang Allan N S, Nee Andrew Y C, Kamal Y T, et al. The New Challenge for Color Management in Digital Printing[C]. International Conference on Digital Printing Technologies, 2017.

第七章　喷墨印刷品质量控制

喷墨印刷技术是数字印刷系统中极为重要的组成部分之一，随着其技术的不断发展成熟以及在印刷市场应用领域的逐步扩大，人们对于喷墨印刷质量要求也在日益提高。起初，人们使用喷墨印刷技术仅仅用于单色文字的输出或低分辨率彩色图像的喷绘，但是随着这种技术的发展，人们对喷墨印刷提出更多的要求，不再局限于单色文字的输出，也期望得到与胶印相当的图像印刷质量：色彩鲜明、分辨率高、图像清晰、层次分明、阶调再现性良好的高质量喷墨印刷图像。

喷墨成像与胶印成像原理不同，要想获得高质量图像，必须找出影响喷墨印刷质量的因素有哪些，并掌握喷墨印刷质量随其变化的规律。而这一系列变化仅通过肉眼是无法准确判断的，必须建立起能够对喷墨打印质量提供准确、科学评价的方法[1,2]。只有对喷墨印刷进行质量控制，才能发现并不断改进设备在印刷过程中出现的问题，从而获得更精美、更高质量的喷墨印刷品。

7.1　喷墨印刷测试版的指标特征

7.1.1　客观检测指标

1. 点线面

喷墨印刷在喷墨打印阶段主要用于生产编号或日期的打印，一般在考察喷墨打印质量时，主要研究不同直径的圆点、不同宽度的线条以及不同面积的实地块的打印质量，如图 7-1 所示。对于不同直径的圆点可以在高倍放大镜下拍照后测量其直径，计算出与标准值的差别；线条及反白线条的宽度、模糊度和表面粗糙度可参考 ISO/IEC 24790:2017（定义 5.3）中的描述进行测量。

实地色块一般测量其密度、色度和光泽度等，密度可采用分光光度计进行测量，可按照胶印的四色密度值标准来进行考察（黑 1.6-1.7，青 1.3-1.4，品 1.3-1.4，黄 1.1-1.2），色度可通过分光光度计获得色度值后与四色标准色度值求色差，光泽度一般使用光泽度仪进行测量。

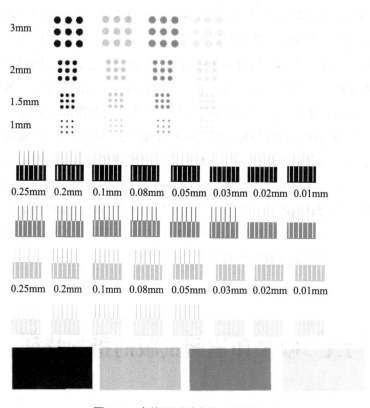

图 7-1　点线面测试文件（彩图 26）

2. 文本

文本的清晰度可通过目视检测，但是如果目视无法辨别，可通过高倍放大镜拍照后进行样本的分析。可参考线条的模糊度和表面粗糙度的分析方法来进行文本清晰度的辨别。文本的测试样张可参考图 7-2。

3pt 北京印刷学院ABCDEFGHIJKLMNOPQRSTUVWXYZ

7pt 北京印刷学院ABCDEFGHIJKLMNOPQRSTUVWXYZ

10pt 北京印刷学院ABCDEFGHIJKLMNOPQRSTUVWXYZ

12pt 北京印刷学院ABCDEFGHIJKLMNOPQRSTUVWXYZ

15pt 北京印刷学院ABCDEFGHIJKLMNOPQRSTUVWXYZ

20pt 北京印刷学院ABCDEFGHIJKLMNOPQRSTUVWXYZ

图 7-2　文本测试文件

3. 分辨力

在喷墨印刷测试版上设置分辨力块可以衡量喷墨印刷设备在不同的方向上复制细线的能力，是检测输出设备的实际输出能力的一种方法。

参考 GB/T 33259—2016 数字印刷质量要求及检验方法来绘制如图 7-3 的分辨力测试文件，每一组设置垂直、平行和 45°三个方向上不同粗细的线条，每个方向上为五条线对。可参考表 7-1 线对数、线宽与分辨力对应关系，设置 11 组不同的分辨力辨别块，参考 GB/T 10073—2021 静电复印品图像质量评价方法中所描述的：使用刻度放大镜观察样本中 10 组的分辨力图，其中均能清晰分辨的

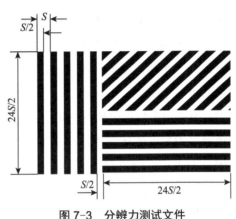

图 7-3　分辨力测试文件

最高线对数为判定值，清晰分辨是指两条线间不粘连，无断线。

表 7-1　线对数、线宽与分辨力对应关系

线对数 /（线对 /mm）	线宽 /mm	分辨力 /lpi
11.3	0.044	574
10.1	0.050	513
9.0	0.056	457
8.0	0.063	406
7.1	0.070	361
6.3	0.079	320
5.6	0.089	284
5.0	0.100	254
4.5	0.111	229
4.0	0.125	203

4. 四色实地及阶调梯尺

随着喷墨印刷技术的提高，越来越多的客户期望使用喷墨印刷这种方便的印

刷方式也可以获得高质量的彩色图像，因此，对喷墨印刷质量控制的指标就不能再局限于以上三点，四色实地色块及阶调梯尺的考察是必不可少的。

与传统印刷类似，喷墨印刷的实地密度是指喷墨印刷测试版上网点面积率为100%（即喷墨油墨不留空白、将其完全覆盖）的实地色块的密度。因为色块被油墨不留空白地完全覆盖且面积大小固定，那么影响实地密度最重要的因素是墨层厚度，墨层越厚，色块吸收的光量就越多，反射的光量就越少，根据实地密度计算公式，实地密度就会越大；反之，墨层厚度越薄，色块吸收的光能量越少，反射的越多，实地密度越小[3]。但是实地密度也并不会随着墨层厚度增大而持续增大，当其增大到最大值时，即使墨层厚度继续增大，实地密度也不会再变大了，实地密度的最大值被称为饱和密度。通常，油墨密度值可以反映出彩色印刷品整体墨色的大小，所以对于四色油墨密度值会有一个范围，可参考上面 1. 点线面中实地密度范围。

四色阶调梯尺可以反映出彩色印刷品的阶调层次印刷情况，也可以获得网点扩大曲线，进而通过补偿调节输出质量。对于喷墨印刷而言，网点增大指的是墨滴从喷嘴中喷射出来到达承印材料表面后，比预设尺寸增加的现象。在喷墨印刷过程中，网点扩大现象会导致图像模糊、层次不分明，如发丝等细微层次丢失；画面对比度变化；阶调整体向暗调变化、图像偏暗等严重损害喷墨印刷质量的问题；而且还可能导致急剧的色彩变化，增加印刷损耗的概率，提高印刷成本。因此，针对喷墨印刷过程中网点增大的问题，就需在喷墨印刷测试版中设置如图 7-4 所示的四色阶调梯尺段，即网点面积率从 1% 到 100% 依次递增的四色梯尺（通常 5% 以下的网点会丢失）。通过使用密度计测量每个色块的实际网点面积率，就可以绘制出实际网点面积率与理想网点面积率的关系曲线，即网点扩大曲线，依据该曲线就能分析出网点扩大的严重程度，而且还可利用该曲线计算出网点扩大的补偿曲线，下一次印刷就可在印前对网点扩大进行补偿，进而控制喷墨印刷过程中的网点扩大现象。

此外，还可以通过仅对三个阶调（25% 处的亮调、50% 处的中间调、75% 或 80% 处的暗调）进行网点增大控制，来简单控制整个阶调范围内的网点扩大现象。

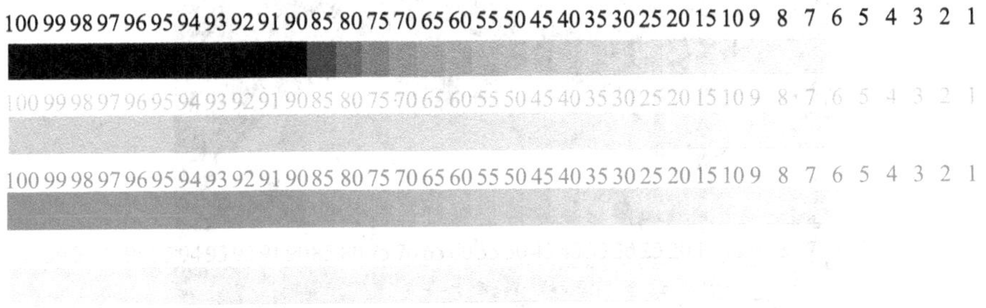

100 99 98 97 96 95 94 93 92 91 90 85 80 75 70 65 60 55 50 45 40 35 30 25 20 15 10 9　8　7　6　5　4　3　2　1

100 99 98 97 96 95 94 93 92 91 90 85 80 75 70 65 60 55 50 45 40 35 30 25 20 15 10 9　8　7　6　5　4　3　2　1

100 99 98 97 96 95 94 93 92 91 90 85 80 75 70 65 60 55 50 45 40 35 30 25 20 15 10 9　8　7　6　5　4　3　2　1

图 7-4　四色阶调梯尺（彩图 27）

5. 灰平衡测试标

印刷灰平衡指的是将黄、品、青三色油墨按照等比例套印获得的只有明度变化而色相和饱和度不变的非彩色状态。但是由于三色油墨颜色的色度值并不能达到理想色度值，所以三色油墨套印的灰平衡色块会有偏色，这对色彩再现效果影响很大。因此，需要对喷墨印刷过程中的灰平衡进行检测与控制，以便能够提高色彩再现的精度。

灰平衡测试标是使用黑色油墨梯尺，将其设置为单黑和三色油墨套印黑两种不同系列色块，三色油墨套印黑又称为中性灰，输出后，人眼能很敏感地辨别出中性灰色块是否含有彩色。如果含有彩色成分较为明显，需要获得调节三色叠印的最优比例值，以对中性灰进行调节。

7.1.2　主观评价用图片

1. 全色调图像——果篮图

如图 7-5 所示的果篮图是一幅包括了喷墨印刷油墨的一次色（黄色）、三种二次色（红、绿、蓝）、三次色（篮子、菜板和麻袋的棕色）以及金属质感复制色的颜色极其丰富的全色调图像，因此，果篮图很适合用于考察颜色的再现性，同时还可以用来考察喷墨印刷设备的色域及印前色彩管理转换的色域范围是否合适。大蒜是图像的亮调部分，可用来考察亮调部分的阶调再现性，开瓶器可用于评价金属白的再现[4]。

图 7-5　果篮图（彩图 28）

2. 人物组图——音乐家

如图 7-6 所示的音乐家图像中包含了人类的三种肤色：白色、黄色、黑色，因此本图适合用来考察三种不同肤色色调的再现性。不同于"肖像图像"中特定的黄色人种肤色，本图更强调三种不同皮肤颜色在色相和亮度方面的差异性，是否能够将这些差异良好地表现出来是本图评价的重点。此外，在本图中，整个中间调以及暗调是以青调子为主色调来再现的，因此，另一个考察的重点就是较为明亮的蓝色系和较暗的紫色系的再现性。最后，细的乐器弦子及女性发丝可以用来考察细微层次的复制效果。

图 7-6　音乐家（彩图 29）

3. 金属亮调图像——酒和餐具

在如图 7-7 所示的酒和餐具图像中，包含了许多富有金属光泽的银器，很适合用来考察金属白的复制效果及高光部分阶调的再现性，还可以通过金属餐具边缘的锐利程度以及酒瓶瓶身标签的文字部分评价设备的解像力。此外，灰色的背景能够用来评价喷墨印刷的灰平衡并考察颜色的均匀性。

图 7-7　酒和餐具（彩图 30）

4. 人物图像——女性肖像

在如图 7-8 所示的女性肖像图中，黄种人肤色的再现性是最重要的考察点，面部、手掌和手臂处的皮肤颜色，基本代表了黄种人的主体肤色，在评价喷墨印刷质量时，还可关注其是否出现色偏以及红色或者黄色的瑕疵点；图像中女性身上毛衣的细网格以及头发的细微层次是另一个重要考察点，可通过这两部分考察解像力并通过毛衣考察是否存在龟纹问题；最后，灰色的背景色可以用来考察图像的灰平衡、均匀性和色偏，因为人眼对中性色极其敏感，稍有偏色，都可被观察者轻易识别出来。

图 7-8　女性肖像（彩图 31）

7.2 喷墨油墨印刷质量控制的影响因素探讨

7.2.1 喷墨油墨印刷品特点

1. 水性喷墨油墨印刷品特点

相对于传统溶剂型喷墨油墨而言,水性喷墨油墨连接料只包含了极少量有机溶剂,其中的溶剂主体是水,因此,在印刷生产过程中几乎不会向环境挥发有机溶剂,有利于环境保护,并且由于水本身的特性,水性油墨还具有无毒无害、不燃不爆的特点,有利于安全生产。同时,水性油墨还具有耗材少、对喷嘴损害小、饱和度高、墨色稳定等优点 [5,6]。

但是,正是因为水性喷墨油墨溶剂的主体是水,所以当墨滴喷射到非涂布的普通纸张表面时,墨滴在沿着纸张表面纤维扩散的同时还会渗透到纸张内部。由此可见,水性油墨主要依靠渗透和吸收两种方式进行干燥,所以干燥速度缓慢,也有部分水会挥发,而挥发干燥这种干燥方式更为缓慢,这是水性油墨需要解决的关键问题之一。当喷墨墨滴到达承印物后,向基材深层的渗透行为会降低色密度和点分辨率,并导致图像光泽度差。并且,虽然水性油墨在承印物上干燥速度缓慢,但由于喷嘴周围温度较高以及水的性质,油墨在喷嘴中又有强烈的迅速干结的趋势,所以,需要经常维护喷嘴,不使用时也应及时将其罩住 [7,8]。

2. UV 喷墨油墨印刷品特点

UV 喷墨油墨是喷墨打印技术和固化技术两者的结合产物,因此,UV 喷墨油墨具备上述两种技术的优点,其印刷品特点如下:

（1）瞬时干燥

喷墨印刷完成后,墨水在紫外灯照射下,瞬间发生交联聚合反应后固化成膜,所以墨水会附着在承印材料表面,而不会沿着纤维向承印材料内部渗透或向横向扩散,极大地减少了网点扩大现象,图文的色密度、饱和度、清晰度以及分辨率都明显优于另两种油墨,印品表面性能优异 [9]。并且,也完全不用担心背面蹭脏。

（2）光泽度高、耐候性强

在受到紫外光照射时，不仅墨层表面会发生交联聚合反应，油墨深层也会受到刺激，在内部发生反应而进一步固化。因此墨膜光泽度高，耐摩擦、抗划伤、抗污染、对物理化学环境耐候性强，印刷出的图像防水、防褪色性能良好[10]。因此，相对于水性油墨而言，UV喷墨油墨即使印刷在无涂层基材上，也能得到光泽度高、兼任持久的印品，即使用于户外也无须进行覆膜处理[11]。

（3）可呈现特殊效果

除了基本印刷品的色彩再现外，使用UV固化技术可以通过油墨多层固化而呈现出立体的状态，可用于油画的仿制、立体图案的再现等特种印刷。

3. 溶剂型喷墨油墨印刷品特点

溶剂型喷墨油墨印刷品特点如下：

（1）干燥速度快且可调节

溶剂型喷墨油墨中的有机溶剂具有易挥发性，墨滴到达承印材料表面后，有机溶剂迅速挥发，颜料在承印材料表面迅速结膜干燥[12]，避免了油墨在基材内部的渗透和扩散，进而避免了对油墨直径的影响，减少了网点扩大现象[13]。而且，干燥速度还可通过加入不同的溶剂来进行调节，一般不需要热风装置来进一步干燥。

（2）耐久性强、附着力强

在溶剂型喷墨油墨的干燥过程中，有机溶剂会携带部分颜料一起渗透进基材内部，因此，颜料不是单单附着在基材表面而已，还会有一部分与之混合在一起。所以，彻底干燥后的墨膜附着力会强于UV喷墨油墨，而且由于部分颜料被承印材料保护着，印品会具有更好的耐久性。印刷后的图像具有光泽度高、色彩饱和度高、还原性好、对环境温湿度变化的耐候性强的优点。

7.2.2 喷墨油墨的性能及其对印刷质量的影响

1. 黏度及其对喷墨印刷质量的影响

黏度是阻力（或者叫内摩擦力）的一种，指的是流体分子间发生相对流动时，抵抗其相对运动的能力，是衡量喷墨油墨性能的一个重要物理参数。由于黏度是阻止流体流动的能力，因此黏度越高，油墨流动性越差，在过高的黏度下就可能出现供墨中断现象，导致图文部分出现空白缺失，对于已印刷完成的部分，高黏度会增加图文的表面粗糙度、模糊度。

喷墨油墨的黏度对墨滴的形成过程和喷射速度都有着极大影响。在墨滴的形成过程中，过高的黏度会使墨滴在颈缩阶段时从多个点发生颈缩现象并断裂开来，从而形成卫星墨滴；在断裂阶段，墨滴尖尖的尾部也容易被拖长，呈现拉丝状，从而影响喷墨印刷质量。而且，过高的黏度会使油墨喷射速度降低，进而导致墨滴无法击中承印材料上预先设计好的记录点。但是，如果油墨黏度过低，在喷射过程中，可能根本无法形成墨滴，而是呈现一种滴下来的状态；就算墨滴能够形成也很容易破碎，还会因为阻尼振荡的作用而降低油墨喷射速度。此外，由于油墨黏度越低，弹性越差，可能在高速喷墨过程中产生卫星墨滴，很大程度上影响喷墨印刷的质量。

综上所述，为了保证油墨能从喷嘴中顺利喷出并使印品具有良好的印刷质量，油墨的黏度不能过高也不能过低，要控制在一定范围内。在合理范围内，尽量低的黏度会使油墨形成近牛顿流体，而不产生假稠现象，有助于提升油墨的流动性能及转移性能。而尽量高的黏度能够避免墨水到达承印材料表面后因初始动能较高而散喷，同时也能防止墨滴因速度过高而在基材上出现"弹跳"现象。针对前文提到的卫星墨滴现象，理想的黏度是能够使发生颈缩的墨丝极快速地被拉回到主墨滴，进而避免该现象的产生。

2. 粒度及其对喷墨印刷质量的影响

粒度指的是油墨中颜料粒子的尺寸大小。颜料粒子在油墨体系中是以分散状态存在，那么其分散性及其分散稳定性对喷墨印刷的流畅性及印刷品质量都有一定的影响。分散稳定性差的油墨，颜料粒子会聚集沉降、堵塞喷头，直接导致喷墨印刷中断，无法正常进行。

一般来讲，颜料粒径越小，分散粒子在分散介质中的润湿效果就越好，分散性及其稳定性越好，越不会堵塞喷嘴，在提高图文的清晰度和分辨率的同时还能适应更快的喷墨印刷速度。

3. 表面张力及其对喷墨印刷质量的影响

表面张力属于分子力的一种，指的是液体表面相邻两部分之间单位长度内的相互牵引力。因为液滴表面的分子会受到液滴内部分子与液面相切向内的分子力的作用，所以液体表面总是会呈现向内收缩的倾向，小液滴也总是呈球形，最典型的现象就是液膜的自动收缩以及荷叶上的露珠。在喷墨油墨的众多性能之中，表面张力是极为重要的一项。它对油墨的喷射性能和墨滴的形成过程都有着巨大的影响。

表面张力对油墨喷射性能的影响：在喷射过程中，低表面张力，即润湿性好的油墨可以很好地润湿喷嘴，通道壁上的墨水与通道中心的墨水速度相近，几乎无速度差，因此可避免卫星墨滴的产生。但过低的表面张力，会使油墨在喷嘴中润湿过度，造成真正喷射出来的墨量减少；加之由于克服的阻力变小，消耗的能量变少，墨滴初始动能会增加，两个相邻墨滴在飞行过程中就很有可能会合并成一个大墨滴，墨滴到达基材表面后会扩散过度，这实质上反而降低了喷墨印刷分辨率。而高表面张力，即润湿性差的油墨无法很好地润湿喷嘴，因此通道壁上的墨水在喷出过程中需要克服较大的阻力，而中心墨水保持正常的喷射速度，就会形成速度差，导致卫星墨滴的形成。而且，过大的表面张力会导致小液滴不润湿喷嘴，而是在喷嘴壁上大量聚集，这就会使主墨滴在喷出过程中发生偏转，进而影响墨滴的飞行轨迹。由于表面张力越大，墨水在喷射过程中克服的阻力就越大，消耗的能量就越高，剩余的动能就越少，所以，墨滴在到达承印物表面后会由于初始动能不足而无法达到预想的扩散程度，白色区域增多，最终导致图像整体偏亮。

表面张力对墨滴形成的影响：表面张力在喷墨墨滴形成过程中发挥着决定性作用。过大的表面张力可能导致形成比预想中尺寸大的墨滴且不易断裂，进而出现拖尾现象。最严重的情况下，过大的表面张力会导致墨滴根本无法从喷嘴中喷出，无法形成墨滴，造成不下墨的现象。但如果表面张力过低，则可能根本无法形成均匀的墨滴，而是墨水直接从喷嘴中滴下，墨滴破碎，溅散的墨滴可能导致卫星墨滴的形成。由此可见，过高或过低的表面张力都不利于墨滴的形成，一般而言，具有高动态表面张力而低静态表面张力的油墨是最为理想的。高动态表面张力有利于高速喷射下凸起的弯月面尽快恢复，低静态表面张力有助于油墨在基材表面的顺利铺展。

表面张力对喷墨油墨在承印材料上的润湿性起着决定性作用，如若墨水的表面张力比承印材料大得多，油墨无法很好地润湿承印材料，墨滴会自动收缩，形成"鱼眼"状的小孔。因此，喷墨油墨的表面张力一定要小于承印材料的表面张力，才能较好地润湿基材，获得质量良好的喷墨印刷品。此外，表面张力还决定了喷墨油墨对基材的润湿性能、在基材上的干燥性能等。

4.干燥速度及其对喷墨印刷质量的影响

喷墨油墨的干燥速度是评价喷墨油墨品质和性能的重要参数之一，尤其是对于按需式喷墨印刷，图文信息为空白时，是不会喷射出墨水的，因此，如果图文空白部分较多，油墨停留在喷嘴内的时间就会增加，过快的干燥速度会使墨水在喷嘴中干结，堵塞喷嘴。而过慢的干燥速度则会使得在堆放印品时，将前一张印品的背面蹭脏，因此就需将刚刚印好的印刷品分开放置干燥，十分浪费空间。

综上所述，在喷墨印刷中，过快或过慢的干燥速度都不可取，需要将其控制在一个适宜的范围内，做到既能不在喷嘴中干结，又能在到达承印物后快速干燥。

7.3　压电式喷墨打印设备对喷墨油墨印刷质量的影响

7.3.1　喷嘴数目

喷墨印刷分辨率指的是在承印材料上每一英寸的宽度上能喷印墨点的数量，而不去计较墨滴是否重叠。喷墨印刷分辨率对图像质量有至关重要的影响，通常情况下，喷射出的墨滴尺寸越细小，喷墨印刷分辨率就越高，印刷质量就越好。

而对于压电式喷墨印刷设备而言，实际上决定喷墨印刷分辨率最主要的因素是喷嘴的数量。在实际应用中，压电式喷墨印刷设备的一个喷墨头上会安装多个喷嘴，理论上来讲，单位面积内安装的喷嘴数量越多，喷墨印刷分辨率就越高。但是，受到喷嘴制作工艺的限制，单位面积内喷嘴数量不可能无限制增加。

因此，想要在喷嘴尺寸一定的情况下提高压电式喷墨印刷机的分辨率，就得合理安排喷嘴的排列方向和角度，来增加单位面积内喷嘴数量，进而增加分辨率。若是喷嘴数量固定，则可以通过灵活安排喷嘴位置来增加压电式喷墨设备的分辨率[14]。

7.3.2　墨滴间距

墨滴间距指的是两个彼此相邻的液滴中心之间的距离。压电式喷墨印刷机可以对墨滴间距进行改变，墨滴间距过大可以影响喷墨印刷的色密度、颜色均匀性等质量指标，墨滴间距过小会影响喷墨速度，也会出现墨滴和墨滴在承印物上叠加的现象，因此需要找到适用于不同承印物和不同油墨的合适墨滴间距。

墨滴间距对喷墨印刷质量的影响：（1）对显色稳定性（色密度值）的影响：随着墨滴间距的增加，色块的色密度值下降，说明油墨的显色稳定性越来越差，显色效果不好，对喷墨打印过程中油墨的转移效果造成了不利影响。（2）对色块颜色均匀性的影响：随着墨滴间距的增加，色块表面颜色的均匀性变化如下：色块表面颜色均匀→有线条感→线条清晰，也就是说，墨滴间距不能过大，否则色块会变成线条。（3）对边缘清晰度的影响：色块的边缘清晰度随着墨滴间距的增大而越来越差，边缘变得不整齐、不清晰。

由此可见，在压电式喷墨设备中，墨滴间距的变化会影响到色密度值、色块表面颜色均匀性以及边缘清晰度。随着墨滴间距的增加，线条间距变大，出现彩色油墨与纸白相间的线条图案，线条感逐渐增强。而色块颜色均匀性变差，边缘清晰度变差，边缘会出现印刷质量方面的问题。

7.3.3　墨滴大小

墨滴大小会直接对喷墨印刷的分辨率造成影响，是压电式喷墨印刷设备一个非常重要的参数，而压电式喷墨印刷机可以对墨滴大小进行改变。通常情况下，喷墨墨滴尺寸越小，喷墨印刷分辨率就越高，图文越清晰。同时印品饱和度高，能更为真实完整地还原出原稿的形貌。因此，无论是彩色还是非彩色喷墨印刷，尺寸细小的墨滴都能够呈现出丰富的层次感，过渡自然柔和，给观赏者带来饱满柔和的视觉体验。而如果墨滴尺寸过大，则干燥速度慢，影响油墨与承印材料的结合，会造成油墨的浪费，还会降低饱和度与分辨率[15]。

7.3.4 喷墨电压

喷墨电压是压电式喷墨印刷机另一个极其重要的参数，电压对喷墨油墨墨滴的形成，墨滴体积和喷射速度都有重要的影响。压电式设备可以通过改变喷墨电压来改变图像的色密度值、边缘清晰度等质量指标。

喷墨电压对色密度值的影响：随着喷墨电压增加，油墨色密度值增大，说明油墨显色性越来越好，具有良好的显色效果。对边缘清晰度的影响：喷墨色块的边缘随着喷墨电压增加而越发清晰并有走向稳定的趋势，说明色块边缘具有良好的印刷质量。但当喷墨电压增大到一定程度时，色块边缘和空白部分都会出现墨点，说明产生了飞墨现象，而飞墨现象会大大降低印刷质量。

7.3.5 墨滴高度

对于压电式喷墨印刷机而言，墨滴高度是可以调节的。而墨滴高度会对图像的色密度值等印刷质量产生影响，若喷墨高度过高，会出现飞墨现象；而过低则容易蹭脏。因此，在压电式设备印刷过程中，应该选择适宜的喷墨高度，过高或过低都不可取。

墨滴高度对色密度值的影响：随着喷墨高度的上升，色密度值变化相对复杂，并不是单调的线性规律。但总体来看，显色稳定性还是随着喷墨高度的上升而逐渐变好，显色效果越来越理想，油墨转移效果稳定。对边缘清晰度的影响：处于不同的喷墨高度时，各色块边缘清晰度十分接近，几乎完全一致。因此，墨滴高度对色块边缘清晰度的影响不大，油墨传递效果良好。

7.4　喷墨油墨印刷质量评价实例

7.4.1　UV 喷墨油墨的性能对线条印刷质量的影响

UV 喷墨油墨是一种反应型油墨，可实现瞬时固化，零 VOC，是目前公认的环保型油墨。喷墨油墨从墨滴发生器到承印材料的转移过程不需要任何中间介质的帮助，因此，流体运动对墨滴喷射效果占支配地位。UV 喷墨油墨要满足喷头喷射的要求，需要在分散性能、黏度、表面性能、电导率等性能上符合一定的标准，这些性能将直接影响墨滴的形成和飞行轨迹及最终的印刷品质量。表面张力是喷墨油墨的重要性能之一，它是墨水喷射的动力源，也控制墨滴喷射到承印材料后的扩散过程，乃至于影响印刷品质量。

UV 喷墨油墨由颜料、单体、预聚物、光引发剂和助剂等组成，在前期研发的 UV 喷墨油墨色浆的基础上，选用 5 种表面活性剂制备 UV 喷墨油墨样品，测试其表面张力，通过 UV 喷墨印刷机得到不同的印刷样张，使用数字印刷品质量评价系统对印刷样张上的线条在线宽、表面粗糙度、密度、对比度等方面的印刷质量进行了分析，并利用墨滴观察仪观察不同表面张力的油墨样品的墨滴状态，探讨了 UV 喷墨油墨的表面张力对线条印刷质量的影响，最终确定可得到最佳的线条印刷质量的表面活性剂，优化了 UV 喷墨油墨的配方。

1. 实验

（1）实验材料和设备

实验材料：颜料，碳黑，酞菁蓝；预聚物，超支化聚酯丙烯酸酯；单体，丙烯酸 2- 乙氧乙氧基乙酯，己二醇二丙烯酸酯，三羟甲基丙烷三丙烯酸酯；光引发剂，TPO，1173；润湿分散剂；表面活性剂，432,450,100，F40，rad2300。

实验设备：BUHLER 万用型纳米研磨机，8Ⅰ-2 型恒温磁力搅拌器，JJ-1 型电动搅拌器，德国 KRUSS K100 全自动表面张力仪，圣德数码喷墨系统 SD6600，ⅡA-1501 墨滴观测仪。

（2）UV 喷墨油墨的制备方法

①色浆的制备方法

将预聚物、单体和分散剂混合加入烧杯中（如果是固态分散剂，须先在一定温度下加热使其溶解），放置在 8 Ⅰ -2 型恒温磁力搅拌器上搅拌混合均匀后，加入颜料置于 JJ-1 型电动搅拌器上进行预分散 30 分钟左右。将预分散后的液体倒入 BUHLER 万用型纳米研磨机，高速研磨 30 分钟，使颜料在体系中充分润湿分散，得到油墨色浆。

②成品墨制备方法

将成膜树脂、单体、光引发剂、助剂等按照油墨配方混合配制成油墨稀释剂，并与制备的色浆混合，使用 JJ-1 型电动搅拌器搅拌 30 分钟后即可得到所要制备的 UV 喷墨油墨。

（3）墨滴形成及飞行状态观察的测试方法

选用 Xaar382 喷头喷墨，设置电压为 25V，用 Ⅱ A-1501 墨滴观测仪实时观测墨滴状态，得到墨滴出喷孔 50μs 内的墨滴平均速度及出喷孔 50μs 时墨滴体积和拖尾长度以评价墨滴形态变化，进而评价表面张力的变化对墨滴状态的影响。

2. 实验结果及分析

（1）助剂对黑色 UV 喷墨油墨表面张力的影响

在前期研制的黑色 UV 喷墨油墨的基础上，加入 5 种表面活性剂 432,450,100，F40，rad2300 分别制备黑色 UV 喷墨油墨，测试其表面张力，与进口黑墨比较的结果如图 7-9 所示。

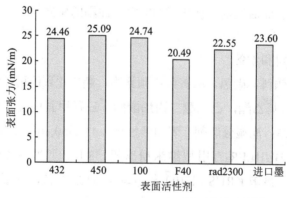

图 7-9　不同助剂制备黑色 UV 喷墨油墨的表面张力

从图 7-9 中可以看出，不同的表面活性剂对油墨的表面张力影响不同，由表面活性剂 450 所制备油墨的表面张力最大为 25.09mN/m，表面活性剂 F40 所制备的油墨的表面张力最小为 20.49mN/m，表面活性剂 432 所制备的油墨的表面张力与进口黑墨的表面张力最接近。表面活性剂加入少量即可改变溶液界面性质，降低体系表面张力 [2]，因此，不同的表面活性剂因结构的不同，对油墨体系的表面张力影响不同。

（2）不同表面张力的黑色 UV 喷墨油墨墨滴状态的研究

喷墨印刷之所以能够实现，依靠的是油墨流体稳定、精准喷墨的印刷性能。表面张力影响着墨滴的运动状态，进而影响油墨的喷射特性，墨滴的形成分为三个阶段：墨丝拉长、墨丝断裂及独立墨滴形成，墨滴状态影响着墨点沉积的准确性，最终影响着印刷品的质量。

选用 Xaar382 喷头喷墨，用墨滴观测仪实时观测不同表面张力的黑色 UV 喷墨油墨的墨滴状态，测量墨滴从喷孔喷出 50μs 内的墨滴平均速度及出喷孔 50μs 时墨滴体积和拖尾长度，结果如图 7-10 所示。

图 7-10（a）表示的是墨滴从喷孔喷出后 0μs、20μs 和 40μs 时的墨滴状态，在 0μs 时墨滴基本形成，体积相对较大，在运行 20μs 后，墨滴拉丝明显，部分体积形成拉丝长度，墨滴体积减小，运行 40μs 后，墨丝没有明显的断裂，而是逐渐消失形成独立墨滴。墨滴的圆度在三个状态都比较好，墨丝没有明显的断裂现象，与油墨体系的化学物质有很大关系，水性和溶剂型油墨都有明显断裂的现象，UV 油墨由于大部分组分是丙烯酸酯类化学物质，自身的黏度要大于水性和溶剂型体系油墨，拉丝比较长，断裂现象不明显，但是其表面性能较好，墨滴的圆度较好，拉丝很细。

图 7-10（b）为黑色 UV 喷墨油墨墨滴从喷孔喷出 50μs 内的墨滴平均速度，从图中可以看出，随着表面张力的升高，墨滴速度会有所下降，这是由于在相同的喷头驱动压力下，表面张力较大的液滴出喷孔时所需要克服的表面张力也大，所以墨滴的速度就会变小。

图 7-10（c）和图 7-10（d）为黑色 UV 喷墨油墨墨滴的体积和尾部长度与表面张力的关系，随着表面张力的增加墨滴的体积逐渐增大，尾部长度逐渐减小。这主要是因为表面张力较高的油墨墨滴在离开喷孔后会聚较快，所以液滴尾部长

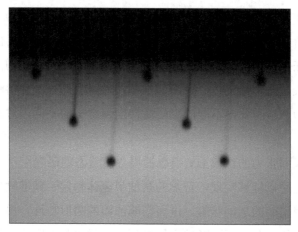

（a）墨滴出喷孔后状态

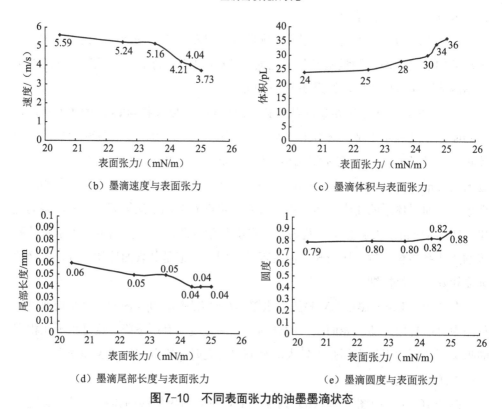

（b）墨滴速度与表面张力

（c）墨滴体积与表面张力

（d）墨滴尾部长度与表面张力

（e）墨滴圆度与表面张力

图 7-10　不同表面张力的油墨墨滴状态

度较小，造成墨滴与空气的有效接触面积较小，墨滴表面挥发较少，因此最终墨滴体积也相应较大。

从图 7-10（e）可以看出随着油墨表面张力的增大，墨滴的圆度变化不大，有增大的趋势，由于表面张力的作用，液体表面总是趋向于尽可能缩小，因此，在空气中的墨滴往往呈圆球形状，但是表面张力越大，墨滴表面的分子越容易收缩，圆度也呈现出增大的趋势。

综上，黑色 UV 喷墨油墨的墨滴在出喷孔后墨滴拉丝长度较长，拉丝较细，断裂现象不明显，独立墨滴的圆度较好；油墨的表面张力对墨滴状态有一定的影响，随着表面张力的增大，墨滴速度减小，墨滴体积增大，墨滴尾部长度减小，墨滴圆度变化不大但有增大的趋势。

（3）不同表面张力的黑色 UV 喷墨油墨印刷质量的研究

对于喷墨油墨，表面张力的标准是 20 ～ 35mN/m（25℃），五种表面活性剂所制备的油墨和进口墨的表面张力均在这个范围内，但是实际的印刷质量需要通过上机喷印来检测。将以上所制备的油墨和进口黑墨使用喷码印刷机喷印，采用基于工业 CCD 图像检测分析系统对喷印样张的质量进行评测，主要考察了线条的线宽、表面粗糙度、密度、对比度等质量指标，结果如图 7-11 所示。

从图 7-11（a）和图 7-11（c）可以看出，不同表面张力对线条线宽和密度的影响是不同的，随着表面张力的增大，线宽变化值和密度逐渐增大，但是表面张力增大到 23.6mN/m 以后，线宽变化值和密度基本趋于稳定。墨滴在纸张上形成线条形状时，因毛细作用必然产生线条变宽的趋势，随着油墨表面张力的增大，墨滴的体积增大，毛细作用增加，线宽变化值和密度就会增大。

图 7-11（b）和图 7-11（d）表示了线条的表面粗糙度和对比度与油墨的表面张力的关系，可以看出随着表面张力的增大，线条的表面粗糙度和对比度变化不大。表面粗糙度是指线条边缘从其理想位置产生几何畸变后形成的外观形态，对比度是指线条黑暗程度间的关系，由于油墨的表面张力均满足喷墨油墨的要求，没有出现过大或过小的极端值，墨滴也没有出现卫星墨滴或"长拖尾"现象，所以对线条的表面粗糙度和对比度影响不大。

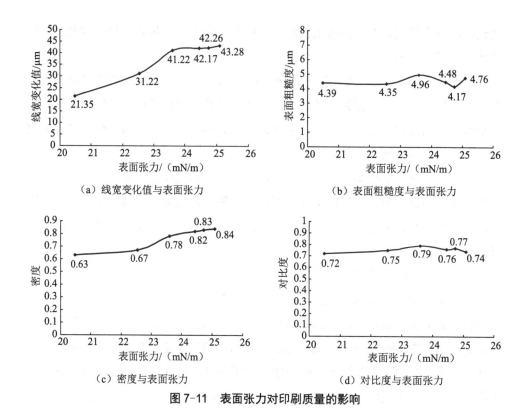

图 7-11　表面张力对印刷质量的影响

综上，黑色 UV 喷墨油墨的表面张力对线条的线宽和密度有一定的影响，对线条的表面粗糙度和对比度影响不大。

3. 结论

（1）不同的表面活性剂因结构的不同，对油墨体系的表面张力影响不同。

（2）黑色 UV 喷墨油墨的墨滴在出喷孔后墨滴拉丝较长，拉丝较细，断裂现象不明显，独立墨滴的圆度较好；油墨的表面张力对墨滴状态有一定的影响，随着表面张力的增大，墨滴速度减小，墨滴体积增大，墨滴尾部长度减小，墨滴圆度变化不大但有增大的趋势。

（3）黑色 UV 喷墨油墨的表面张力对线条的线宽和密度有一定的影响，对线条的表面粗糙度和对比度影响不大。

7.4.2　喷墨打印设备参数对量子点薄膜性能的影响

1. 量子点材料在喷墨油墨中的应用

量子点喷墨墨水的流体力学特性，取决于喷墨打印技术中雷诺数与韦伯数这两个重要参数，通常采用奥内佐格数 Oh（Ohnesorge number）或者它的倒数 Z 值来表现量子点墨滴的喷射效果。性能良好的量子点墨水可以从喷嘴中被顺利喷射出，形成稳定的液滴，随后落在打印基板上并形成表面均匀的量子点薄膜。量子点墨水成膜还需要考虑墨水是否会与其他功能层结构产生互溶的现象，避免损害功能层。

大多数量子点电致发光器件的发光层墨水都会采用二元墨水系统来溶解发光材料。Young-Joon Han 研究了用二元共溶剂工艺优化量子点墨水的喷墨打印条件，并利用真空退火的干燥条件辅助改善量子点发光二极管（QLED）的特性[16]。为了实现稳定的喷墨和均匀的薄膜性能，在传统喷墨逻辑理论的基础上，基于黏度和表面张力参数，采用奥内佐格数分析正己烷与邻二氯苯在不同比例下的墨水喷墨性能，并在 1:2 的比例下探究二元共溶剂工艺，使之与实验所用墨盒的规格相匹配。正己烷和邻二氯苯共溶剂体系制备的量子点发光层（EML）在不同退火条件下的 QLED 性能存在差异，通过比较在空气、氮气和真空条件下喷墨打印 QLED 的电学、光学和寿命特性，发现真空退火工艺可以有效提高量子点 EML 的质量和器件性能，防止量子点 EML 受到环境中水分和氧气的影响，并促进溶剂在量子点 EML 中的有效蒸发。结果表明，与空气环境下退火的 QLED 相比，真空环境下退火的量子点薄膜经过喷墨打印 QLED 形成的发光率（L）、电流效率（CE）、外量子效率（EQE）和寿命（LT50）分别提高了 30.51%、33.7%、21.70% 和 181.97%。Xiong X 使用两种不同配方的二元量子点墨水，通过喷墨打印量子点层薄膜并对其表面润湿性和耐溶剂性进行了系统研究[17]。基于 PVK 材料的红色 QLEDs 器件显示出 28.8cd A^{-1} 的电流效率和超过 17.0% 的最大外量子效率（EQE），与旋涂 QLEDs 的 EQE 效果相当。

L Liu 开发了一种用于红色、绿色和蓝色磷光 OLED 的 TCTA:26DCzPPy 共基质材料和邻二氯苯（DCB）和 1- 氯萘（CN）二元溶剂体系，通过对不同比例的二元墨水进行实验研究后选择了比例为 2:8 的 DCB:CN 二元溶剂作为喷墨打印墨水[18]。此外还采用了具有耐溶剂性和激子限制能力的空穴传输层来改善油墨的铺展和薄膜的均匀性。最终，通过喷墨打印制备了大面积（170mm×170mm）均匀的发射层（EML），并基于优化的墨水配方成功构建了红色、绿色和蓝色OLED。

喷墨打印技术对于其他的发光材料同样有较高的匹配性。有研究人员使用喷墨打印技术来研究发光聚合物材料聚对亚苯基亚乙烯图案化的形成[19]。实验中将发光聚合物溶解在低沸点溶剂甲苯和高沸点溶剂四氢萘这两种非氯化溶剂组成的二元混合溶剂中来配制稳定的墨水，这种二元配方体系对喷嘴安全友好，可用于喷墨打印技术中。研究人员还优化了聚合物的浓度、喷墨打印分辨率和温度等参数对印刷薄膜的质量影响，证明了喷墨打印厚度为30nm至95nm的高质量发光聚合物薄膜的可行性，印刷薄膜表面光滑，没有针孔和裂纹等缺陷。当薄膜的厚度在70nm和83nm之间时可以获得OLED最佳性能。当薄膜厚度83nm时OLED的最大电流效率最高，达到5.6cd/A，当薄膜厚度70nm时OLED的最大发光效率最高，达到64000cd/m²。

除了对二元墨水体系的溶剂进行研究，也有相关实验在经典的二元墨水配方里探究引入其他聚合物对二元墨水体系的影响。有研究人员在常见的二元量子点墨水配方（环己基苯和邻二氯苯）中，引入少量的不同分子量的聚甲基丙烯酸甲酯（PMMA），提高了基于喷墨打印技术的像素化QLED的性能[20]。当采用这种QD-PMMA复合墨水时，喷墨过程中会形成均匀的液滴，在基板的结构内部，喷墨打印制备的QD-PMMA薄膜表面光滑，基板的结构边缘几乎没有堆积。当加入分子量为8kDa的PMMA，经过喷墨打印制备后得到的像素化QLED表现出73360cd/m⁻²的最高亮度和2.8%的外量子效率，这显著高于不具有PMMA的喷墨打印QLED对照组。

虽然基于二元量子点墨水及其图案化与器件的制备研究已经很充分，但二元量子点墨水的有机溶剂沸点差距较大，且为了保持二元溶剂体系墨水的稳定，经常在墨水体系中引入其他成分的材料与助剂。为了获得更加均匀的量子点薄膜，优化量子点墨水保证墨水成膜的稳定性，排除其他成分的材料与助剂对墨水的影响，最近几年，研究人员开始探索使用三元纯有机溶剂所组成的量子点墨水来优化量子点薄膜的均匀性。

S Jia 研究团队认为用于喷墨打印 QLED 的量子点墨水应满足以下条件，一是具有良好的溶解性，二是有良好的印刷性和成膜性，三是对器件的下层材料无损害[21]。基于这三个要求，研究团队设计了一种新型的三元量子点墨水（TQ-ink），该三元量子点墨水既能有效地抑制咖啡环效应，又不会损伤空穴传输层（TFB）。该三元溶剂主要为 1- 环己基乙醇、辛烷和乙酸正丁酯，其中乙酸正丁酯作为这三种溶剂的中间沸点溶剂可以调节另外两种沸点差距较大的有机溶剂组分，且该三元量子点墨水解决了喷墨打印量子点墨水和下面的 TFB 层之间的侵蚀问题。最终研究团队采用该墨水分别喷墨打印制备红色、绿色、蓝色三色 QLED，红 / 绿 / 蓝器件的外量子效率分别为 19.3%、18.0% 和 4.4%，显示出发光的高效率和稳定性。

2022 年，南京理工大学曾海波团队和徐勃团队详细研究了三元溶剂的墨水配方对钙钛矿量子点分散性、可印刷性与溶剂挥发、印刷膜层质量的影响[22]。这种新型的三元无卤溶剂钙钛矿量子点墨水配方，对量子点材料有较高的分散性和稳定性。经过研究发现，将低沸点溶剂正壬烷添加到钙钛矿量子点油墨中可以大大抑制量子点聚集，并加速溶剂蒸发以及抑制咖啡环效应。与对照的二元墨水（萘烷和正十三烷）相比，其印刷适性和成膜能力远优于二元溶剂体系，经过喷墨打印可获得质量更好、表面缺陷更少的钙钛矿量子点薄膜。因此，基于该三元溶剂的量子点墨水通过喷墨打印制的备绿光钙钛矿 QLED 中实现了最大外量子效率 8.54% 和最大亮度 $43883.39cd/m^2$，远高于基于二元溶剂的 QLED 器件。

2. 喷墨打印设备参数对量子点薄膜性能的影响

喷墨打印技术可以很好地实现量子点薄膜图案化。在喷墨打印制备量子点薄膜的过程中，主要解决两个重要的问题：一是保证墨水适合喷墨打印并且喷射稳定；二是量子点薄膜成膜均匀，满足 QLED 器件对薄膜的要求。本章通过调节喷墨打印工艺的各种参数，制备量子点的点、线和面薄膜，探究不同的实验参数对量子点薄膜的影响。

（1）喷墨间距对量子点薄膜的影响

在 QLED 器件的制备中，线薄膜是由每一滴连续的墨滴连接后形成的，而墨滴间的间距大小往往会影响线薄膜的形貌轮廓。喷墨打印过程中，墨滴与墨滴间的间距就是指墨滴中心点间的距离，也就是指通过喷墨打印调整的间距。

如图 7-12 所示，L 表示间距的距离长度。

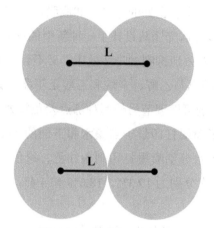

图 7-12　墨滴间距示意图

我们选择苯基环己烷 / 苯甲酸丁酯 / 辛烷比例为 7：3：5 的量子点墨水作为喷墨打印工艺中的打印墨水，选择了几种不同的打印间距来观察薄膜表面的成膜状态。图 7-13 是量子点墨水在不同间距下的线薄膜显微镜图像。表 7-2 是这三个间距下对应的线宽、均匀度 H 值和通过台阶仪测试的薄膜厚度。通过对图 7-13 观察可知，随着打印间距的增加，线薄膜的咖啡环效应在不断减弱，线宽也在不断减小。由图 7-13 和表 7-2 可知，间距 20μm 时线薄膜边缘的咖啡环效应十分明显，线宽为 180.76μm，H 为 95.39%；当间距为 40μm 时，线薄膜边缘变细，咖啡环结构明显减弱，线宽为 133.18μm，H 为 99.11%；当间距增大到 60μm 时，线薄膜边缘的咖啡环结构几乎不见，说明咖啡环现象被有效抑制，线宽为 118.95μm，H 为 96.05%。

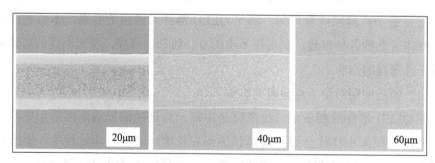

图 7-13　20μm、40μm、60μm 间距下的线薄膜图像

表 7-2　20μm、40μm、60μm 间距下的量子点线薄膜线宽、H 值和厚度

Droplet spacing/μm	20	40	60
Line width/μm	180.76	133.18	118.95
H/%	95.39	99.11	96.05
Thickness/μm	0.0032	0.0017	0.0015

图 7-14（a）表示间距变化与线宽的关系，当间距在 20 ～ 60μm 之间时，随着打印间距的不断增大，线宽不断变小。图 7-14（b）表示间距变化与线薄膜厚度的关系。根据图 7-14（b）可知，当打印间距增大时线薄膜的厚度不断下降。说明当喷墨打印间距设置太小时，墨滴间距过小导致线条边缘有更多区域重叠，容易造成咖啡环现象，随着间距的增大，线条边缘的重叠部分减少，薄膜变薄，线薄膜的咖啡环效应也逐渐减弱。因此，在制作 QLED 器件时，不仅需要调整打印间距以提高薄膜的均匀性，同时还要获得较细的线薄膜，保证器件发光性能的均匀性。

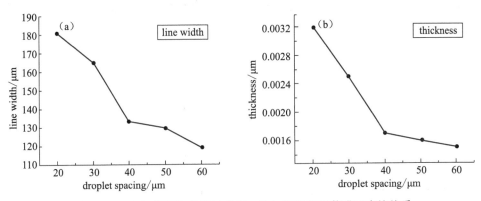

图 7-14　（a）间距与线宽的关系；（b）间距与线薄膜厚度的关系

图 7-15 是间距为 80μm 和 100μm 的线宽显微图。由图 7-15 可知，当间距调整到 80μm 和 100μm 时，线薄膜，不再是完整的线条形貌。当间距为 80μm 时，出现线薄膜的墨滴形状，虽然此时线薄膜没有咖啡环现象，但线薄膜的边缘两侧由于墨滴间距过宽而显示出部分墨滴的边缘形貌，线条边缘变波浪状。当间距为 100μm 时，可看见线薄膜完整的墨滴形状与间距，此时线薄膜边缘两侧变形，不再是完整的线条。在调整间距以获得最佳线薄膜时，需要考

虑打印间距的设置范围，在保证薄膜均匀性和线宽的协调外，还要考虑线条形状的完整性。

50μm
80μm
50μm
100μm

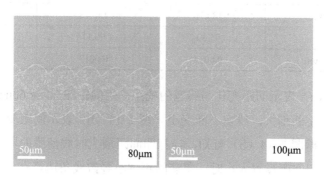

图 7-15　间距为 80μm 和 100μm 的线宽显微图

（2）喷墨电压和喷墨波形对量子点墨水喷射性的影响

喷墨打印的电压高低会影响墨滴的喷射效果[23]，从而改变线薄膜的形貌形成。在喷墨打印时，墨滴从喷头喷射出后的喷射状态会有几种情况：完整的下落墨滴、带拖尾的下落墨滴、拖尾变为卫星墨滴的下落墨滴和带卫星墨滴的下落墨滴。其喷射状态如图 7-16 所示。

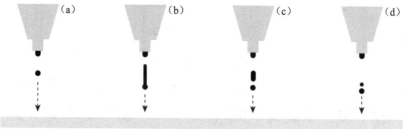

（a）
（b）
（c）
（d）
Formation of ink droplets: (a)single droplets,(b)droplet trail,
(c)a change from droplet trail to satellite droplets,(d)satellited droplets

图 7-16　墨滴从喷头喷射的喷射状态：（a）完整的下落墨滴，（b）带拖尾的下落墨滴，（c）拖尾变为卫星墨滴的下落墨滴，（d）带卫星墨滴的下落墨滴

为探究喷墨电压对喷射稳定性的影响，实验中我们将量子点墨水控制在同一波形下，对打印电压分别设置为 15V、18V、21V、24V，通过 Fuljifilm DMP2800 喷墨打印设备的摄像系统观察不同电压下的墨滴喷射效果。

图 7-17 表示在不同电压下的墨水喷射稳定性。图 7-17（a）为电压 15V 下

的墨滴喷射图，墨水从 0μm 的位置喷射，在 100μm 的位置时出现卫星墨滴；如图 7-17（b）所示，在 300μm 时卫星墨滴与主墨滴汇合并合并成一个墨滴。当电压为 18V 时，墨滴出现拖尾现象，在 0～100μm 时有明显拖尾，100μm 后拖尾形成卫星墨滴与主墨滴一块下降；如图 7-17（c）所示，电压为 21V 时，墨滴拖尾变长，在 0～100μm 时出现拖尾，100～200μm 时拖尾尾部回缩，在 200μm 的位置形成卫星墨滴与主墨滴一块下降；如图 7-17（d）所示，电压为 24V 时，墨滴下落状态与 21V 相似，但拖尾回缩时尾部部分与主墨滴融合，下落时轨迹不垂直。

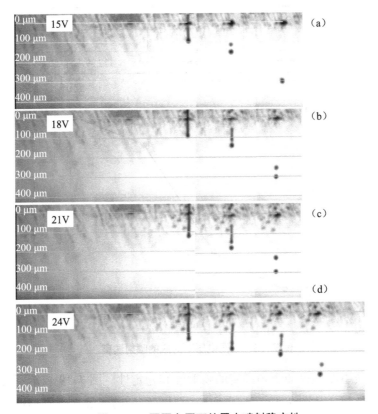

图 7-17　不同电压下的墨水喷射稳定性

将墨滴下落速度的计算公式设为：

$$V=(s-s')/(t-t') \qquad (7-1)$$

s=400μm 代表墨滴下降到 400μm 的位置，此时的对应时间为 t，s'=200μm 代表墨滴下降到 200μm 的位置，此时的对应时间为 t'。

表 7-3 表示不同电压下的喷射时间与速度。图 7-18 是不同电压下对应的喷射速度关系图，电压-速度图说明随着电压的增大喷射速度也增大。喷墨电压的不断增大，喷嘴处的静电压力随之增加，墨滴的喷射速度越快。喷射的墨滴体积增加并开始出现墨滴拖尾和卫星墨滴，拖尾长度随着电压的增大而变长，当电压增加到 24V 时卫星墨滴的下落状态与主墨滴不在同一直线上，此时喷射效果因为电压较大而不稳定。

表 7-3　不同电压下的喷射时间与速度

Voltage/（V）	15	18	21	24
Time/（s）	1.75	1.70	1.57	1.54
V/（μm/s）	114.29	117.65	127.39	129.87

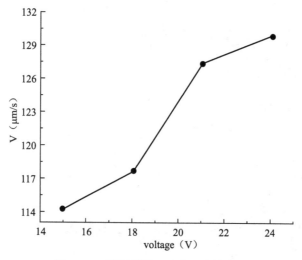

图 7-18　不同电压下对应的喷射速度

不同的喷墨波形也会影响墨滴的喷射性和稳定性。图 7-19 表示不同波形下的墨水喷射效果。从图 7-19 可知，实验中对不同的喷墨波形进行调试后，发现当喷墨波形模式为 DI WATER 时，量子点墨滴的喷射状态最好，在电压为 16V 时墨滴的喷射状态较稳定，且在合适的电压作用下墨滴下落时都是完整的单墨滴下落轨迹，而在普通喷墨波形模式 DIMAX ORIGINAL FLUID 下墨滴容易出现拖尾现象。而无论在哪种喷墨波形的作用下，都可发现，随着喷墨电压的增大，墨滴的拖尾现象都在逐渐加剧，同时也会出现卫星墨滴。

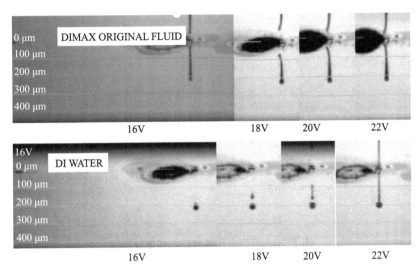

图 7-19　不同波形下的墨水喷射效果

（3）喷墨电压对量子点薄膜的影响

在不同的喷墨电压作用下，墨滴的喷射状态与喷射速度发生改变，当墨滴接触基板后，量子点薄膜形貌也因为喷射状态和速度的变化而有所差异。为了更清晰地观察在不同喷墨电压下墨滴变化的形貌图，我们设置打印间距到 100μm。图 7-20 是不同电压下当打印间距为 100μm 时的量子点线薄膜图。随着电压的增大，量子点墨滴的形状由于拖尾的影响开始变形，电压 24V 时墨滴之间开始相互融合，几乎看不到完整的量子点墨滴形状，线条形状变形。喷墨电压在 15V 和 18V 时量子点墨滴图像较完整。

进行喷墨打印时，设置喷墨电压需要考虑墨水的喷射状态对薄膜形貌的影响。当电压过高时，喷射压力加大使喷射速度过快，开始出现拖尾和卫星墨滴，墨滴间相互融合影响薄膜完整性和均匀性。当电压过低时，则喷射压力太小，墨水没有足够的动力从喷嘴处喷射，无法完成喷墨打印工作。

最后，将间距调整到 60μm 后在 15V 喷墨电压作用下喷墨打印线条薄膜，图 7-21 是调整好参数后制备的线条形貌，线条表面溶质分布均匀，边缘无明显咖啡环效应，与上述在 100μm 下测试的结论一致。

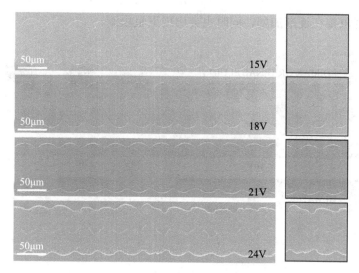

图 7-20　不同电压下对应的线薄膜形貌

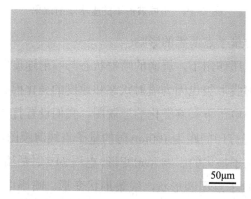

图 7-21　在 15V 下间距为 60μm 的线条薄膜

参考文献

[1] 邢文文 . 喷墨印刷成像质量评价与分析 [D]. 江南大学 , 2008.

[2] 李艳云 . 数字印刷的质量检测与控制技术 [D]. 江南大学 , 2011.

[3] 刘华 . 印刷数字测控条的设计与开发 [D]. 曲阜师范大学 , 2009.

[4] 王诗僮 . 关于标准印刷测试版 [J]. 出版与印刷 , 2011(04): 26-32.

[5] 吕春作 . 水性喷墨油墨的性能研究 [D]. 齐鲁工业大学 , 2015.

[6] 蒋婴 . 喷墨油墨大观 [J]. 印刷技术 , 2009(07): 30-33.

[7] 付冰 . 喷墨打印技术的进展和发展趋势 (一)[J]. 信息记录材料 , 2002(03): 36-42.

[8] Woods J, 张鸣. 数字喷墨印刷与油墨的发展 [J]. 中国印刷物资商情, 2002(12): 6-8.

[9] 王宏宇. 基于油画复制的 UV 喷墨油墨研制 [D]. 天津科技大学, 2014.

[10] 潘海良. UV 喷墨油墨中试关键技术研究 [D]. 曲阜师范大学, 2012.

[12] 罗峥. 喷墨印刷油墨性能大比拼 [J]. 今日印刷, 2009(01): 44-45.

[13] 王玥, 王普天, 魏杰, 等. 喷墨技术在 PCB 制造中的应用 [J]. 信息记录材料, 2007(2): 36-40.

[14] 王灿才. 喷墨印刷质量的分析与研究 [J]. 包装工程, 2008(02): 55-57.

[15] 唐黎标. 浅谈影响喷墨印刷的质量因素 [J]. 今日印刷, 2017(04): 74-75.

[16] Han Y J, Kim D Y, An K, et al. Sequential improvement from cosolvents ink formulation to vacuum annealing for ink-jet printed quantum-dot light-emitting diodes[J]. Materials, 2020, 13(21): 4754.

[17] Xiong X, Wei C, Xie L, et al. Realizing 17.0% external quantum efficiency in red quantum dot light-emitting diodes by pursuing the ideal inkjet-printed film and interface[J]. Organic Electronics, 2019, 73: 247-254.

[18] Liu L, Chen D, Xie J, et al. Universally applicable small-molecule co-host ink formulation for inkjet printing red, green, and blue phosphorescent organic light-emitting diodes[J]. Organic Electronics, 2021, 96: 106247.

[19] Szymański M Z, Łuszczyńska B, Ulański J. Inkjet printing of super yellow: ink formulation, film optimization, OLEDs fabrication, and transient electroluminescence[J]. Scientific reports, 2019, 9(1): 1-10.

[20] Roh H, Ko D, Shin D Y, et al. Enhanced performance of pixelated quantum dot light-emitting diodes by inkjet printing of quantum dot–polymer composites[J]. Advanced Optical Materials, 2021, 9(11): 2002129.

[21] Jia S, Tang H, Ma J, et al. High performance inkjet‑printed quantum-dot light-emitting diodes with high operational stability[J]. Advanced Optical Materials, 2021, 9(22): 2101069.

[22] Wei C, Su W, Li J, et al. A universal ternary‑solvent‑ink strategy toward efficient inkjet-printed perovskite quantum dot light‑emitting diodes[J]. Advanced Materials, 2022, 34(10): 2107798.

[23] Larson R G. Twenty years of drying droplets[J]. Nature, 2017, 550(7677): 466-467.

 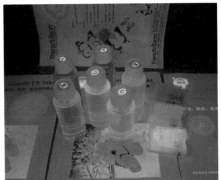

（a）日光 （b）紫外光

彩图 1

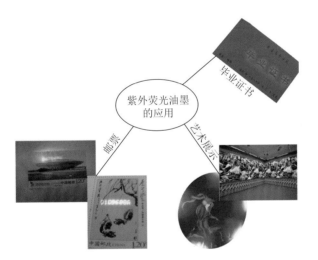

彩图 2

彩图 3

彩图4

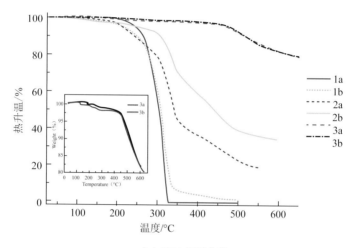

（a）TGA 测试曲线

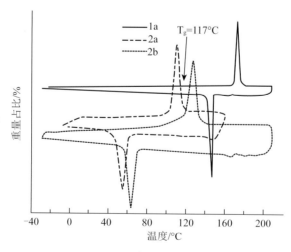

（b）DSC 测试曲线

彩图5

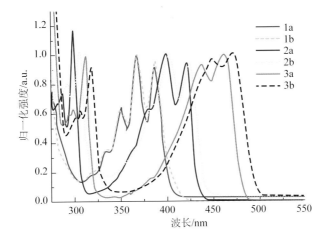

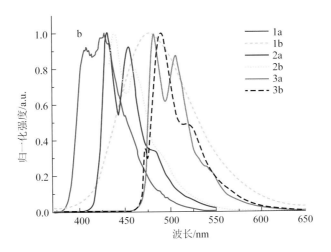

彩图 6

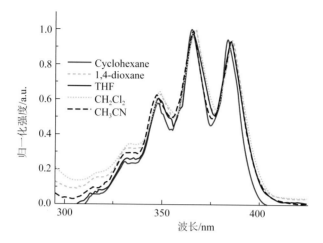

（a）紫外吸收光谱

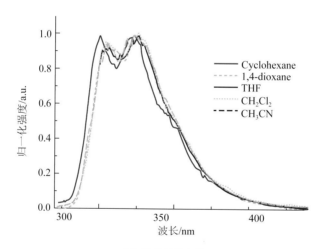

（b）紫外发射光谱

彩图 7

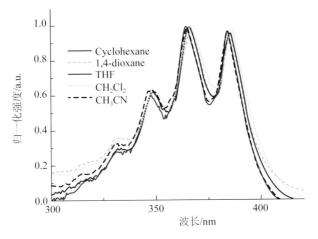

（a）紫外吸收光谱

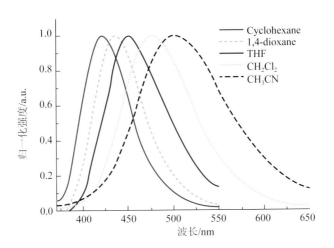

（b）紫外发射光谱

彩图 8

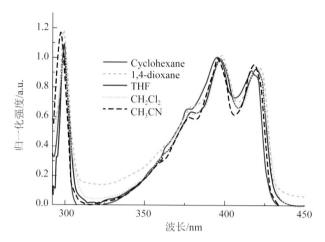

（a）紫外吸收光谱

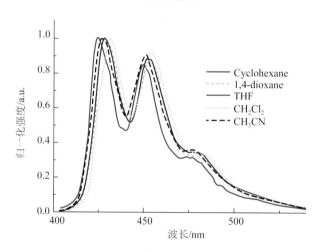

（b）紫外发射光谱

彩图 9

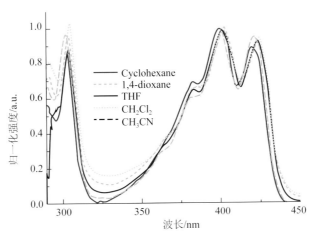

（a）紫外吸收光谱

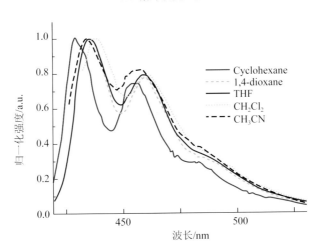

（b）紫外发射光谱

彩图 10

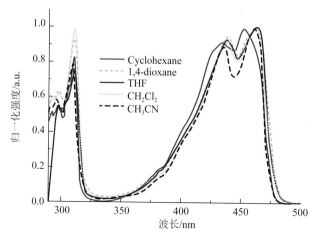

（a）紫外吸收光谱

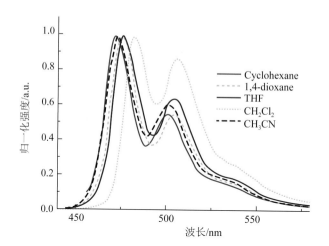

（b）紫外发射光谱

彩图 11

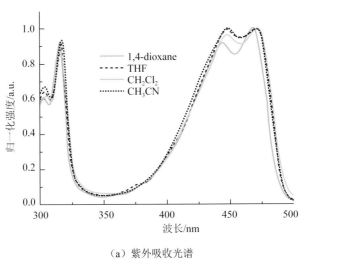

（a）紫外吸收光谱

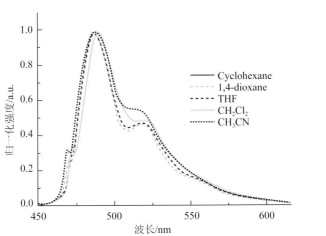

（b）紫外发射光谱

彩图 12

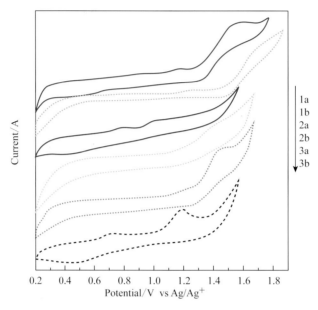

彩图 13

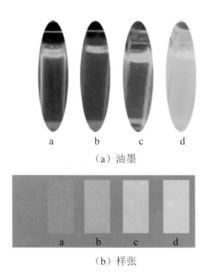

（a）油墨

（b）样张

彩图 14

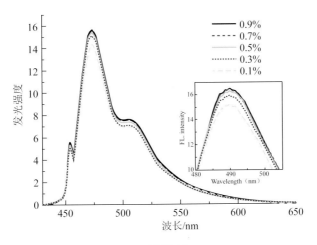

彩图 15

彩图 16

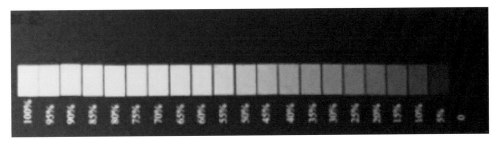

彩图 17

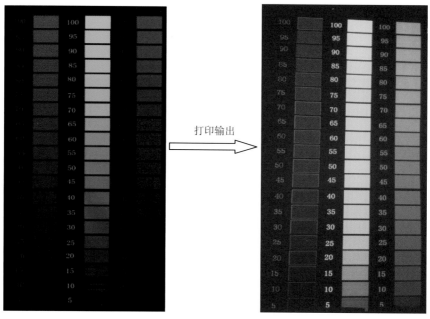

（a）测试文件   （b）在紫外光源下的输出样张

彩图 18

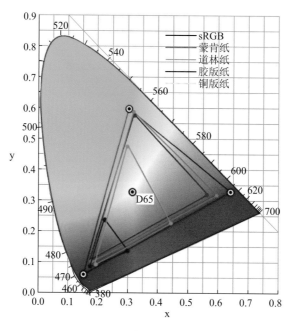

彩图 19

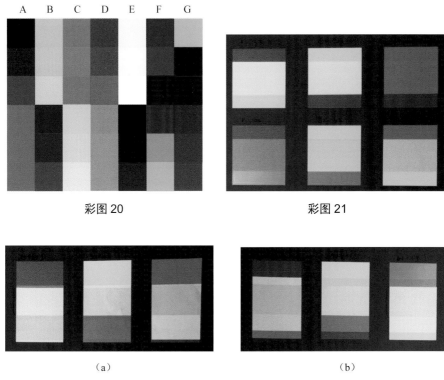

彩图 20

彩图 21

（a）

（b）

彩图 22

（a）饱和度再现   （b）可感知再现

彩图 23

（c）相对比色再现

（d）绝对比色再现

彩图 23（续）

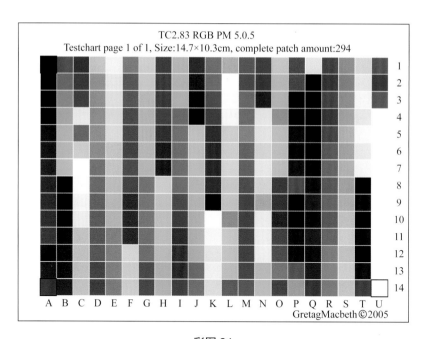

彩图 24

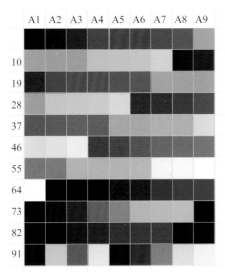

彩图 25

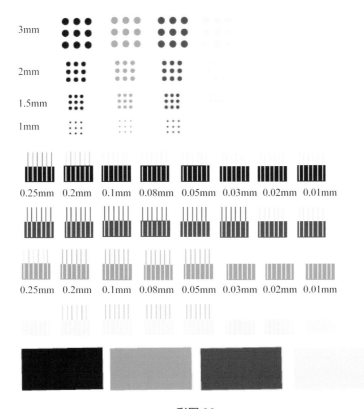

彩图 26

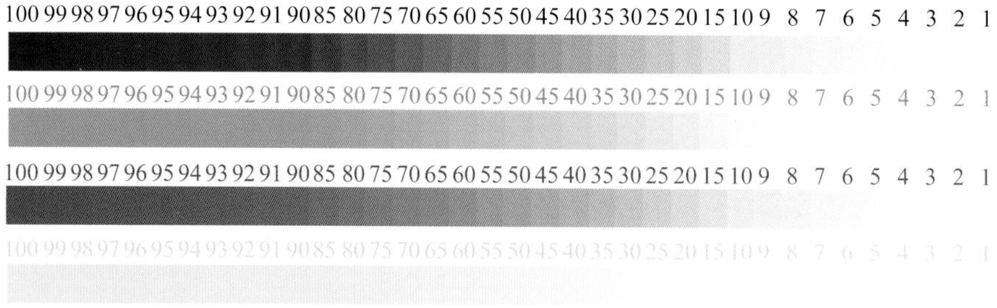

100 99 98 97 96 95 94 93 92 91 90 85 80 75 70 65 60 55 50 45 40 35 30 25 20 15 10 9 8 7 6 5 4 3 2 1

100 99 98 97 96 95 94 93 92 91 90 85 80 75 70 65 60 55 50 45 40 35 30 25 20 15 10 9 8 7 6 5 4 3 2 1

100 99 98 97 96 95 94 93 92 91 90 85 80 75 70 65 60 55 50 45 40 35 30 25 20 15 10 9 8 7 6 5 4 3 2 1

100 99 98 97 96 95 94 93 92 91 90 85 80 75 70 65 60 55 50 45 40 35 30 25 20 15 10 9 8 7 6 5 4 3 2 1

彩图 27

彩图 28

彩图 29

彩图 30

彩图 31